Greifvögel und Eulen

Felix Heintzenberg   **Alle Arten
Europas**

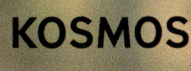

Inhalt

Für Susanne

> Am Ende des Buches finden Sie eine Übersicht zu den Eulen und Flugbilder aller Arten.

Rötelfalke (S. 206)

Turmfalke (S. 210)

Rotfußfalke (S. 216)

Eleonorenfalke (S. 220)

Merlin (S. 224)

Baumfalke (S. 228)

Lannerfalke (S. 234)

Sakerfalke (S. 236)

Gerfalke (S. 238)

Wanderfalke (S. 240)

Vorwort

Greifvögel und Eulen sind zwei Vogelgruppen, die uns Menschen seit Jahrhunderten stark beeindrucken. Majestätische Adler, die hoch oben, kaum noch sichtbar am Himmel kreisen und uns mit Adleraugen betrachten, die wesentlich schärfer sehen als unsere Menschenaugen, ein Wanderfalke, der blitzschnell mit über 180 km/h durch die Luft gleitet und gleichzeitig eine Taube fangen kann, oder eine Eule, die mitten in der Nacht sicher ihren Weg durch die dunkle Nacht findet und aus großer Entfernung nur mit dem Gehör eine Maus im dichten Gras einer Wiese orten kann und diese zielsicher fängt. Es gibt viele Beispiele, die uns ins Staunen versetzen und als Beobachter neidisch werden lassen. Leider ist das Verhältnis zwischen uns Menschen und den Greifvögeln und Eulen erst seit etwa einem halben Jahrhundert wieder freundschaftlicher geworden. Jahrhundertelang haben Aberglauben, Neid und pure Ignoranz diesen beiden Vogelgruppen das Leben schwer gemacht und einzelne Arten an den Rand des Aussterbens gebracht. Greifvögel und Eulen wurden gerade aufgrund ihrer Lebensweise und Perfektion geschossen, vergiftet, in Fallen gefangen, ausgehorstet, erschlagen und an Scheunentore genagelt. Heute haben wir Menschen größtenteils eingesehen, dass diese Arten wichtige Funktionen in der Natur erfüllen und nicht zuletzt großartige Erlebnisse bieten, wenn wir ihnen in ihrem Lebensraum begegnen. Dieses Buch soll zu solchen Begegnungen anregen und trägt hoffentlich dazu bei, das Verständnis für diese lange Zeit falsch verstandenen Arten zu erhöhen.

An dieser Stelle möchte ich folgenden Personen für ihre Mithilfe, Unterstützung und Zusammenarbeit danken: Jochen Dierschke, Christian Dietzen, Matthias Fehlow, Hans-Georg Folz, Karl-Otto Jacobsen, Nils Kjellén, Michael Knoll, Thorsten Krüger, Stefan Masur, Günter Nicklaus, Christoph Randler, Mikael Rosén, Markus Scholl, Arne Torkler, Falsterbo Fågelstation und Skånes Djurpark.

Besonderer Dank gilt Susanne H. Schwieler für Mithilfe bei der Feldarbeit und die Geduld, die sie mit mir während der Entstehung dieses Buches gehabt hat. Der schwedische Eulenguru Ove Stefansson hat mich durch seine unermüdliche Arbeit inspiriert und mir „seine" nordischen Bartkäuze vorgestellt, wofür ich ihm sehr herzlich danken möchte. Steffi Tommes und Rainer Gerstle vom Kosmos-Verlag haben entscheidend zu diesem Buch beigetragen. Ihnen sei für die gute und inspirierende Zusammenarbeit gedankt.

Felix Heintzenberg, Lund, Schweden

Einleitung

Greifvögel und Eulen sind der Inbegriff geschickter und erfolgreicher Jäger, die mit scharfen Augen, in rasantem Verfolgungsflug, aus dem Hinterhalt oder bei Dunkelheit nur mit Hilfe des Gehörs auch schnell fliegende Beutetiere fangen können. Sie haben uns Menschen seit vielen Jahrhunderten fasziniert. Durch die Evolution entwickelte Eigenschaften wie ein extrem scharfer Sehsinn, der aus mehreren Hundert Metern Entfernung auch kleinste Bewegungen orten kann, ein Gehör, das in der Lage ist, auf über 100 m Entfernung eine Maus unter einer dichten Schneedecke zu orten und Fluggeschwindigkeiten von über 150 km/h sind nur einige Beispiele für die Perfektion dieser Arten, die uns Menschen in vielerlei Hinsicht weitaus überlegen sind. Heute überwiegt in weiten Teilen Europas die Faszination für diese perfekten Jäger, und das Interesse für Eulen und Greifvögel wächst ständig.

Vor gar nicht allzu langer Zeit hat die Situation für diese Arten jedoch ganz anders ausgesehen, und viele der Arten sind gerade dabei, sich vom Rand des Aussterbens zu erholen und wieder stabile Bestände aufzubauen. Diese perfekten Anpassungen haben nämlich unter uns Menschen nicht nur Faszination und Bewunderung, sondern auch Neid und Angst hervorgerufen. Über mehrere Jahrhunderte sind Greifvögel und Eulen daher verfolgt und getötet worden, oftmals mit scheinheiligen oder abergläubischen Hintergründen. Heute genießen fast alle Arten in Europa einen strengen Schutz.

Dieser Naturführer präsentiert alle 51 in Europa brütenden Greifvogel- und Eulenarten, gibt Bestimmungshilfen und beschreibt Wissenswertes über die Jagd, die Brutbiologie und das Verhalten dieser Vögel.

Die Evolution perfekter Jäger

Vögel sind moderne Nachfahren kleiner Flugsaurier, die das Aussterben der großen Dinosaurierarten überlebt hatten. Innerhalb der Klasse der Vögel kam es in den darauffolgenden Jahrmillionen zu Anpassungen und Spezialisierungen, die zu den heute lebenden Arten geführt haben. Durch die Evolution wurden spezielle Eigenschaften entwickelt, um die Beute frühzeitig zu entdecken, ohne selbst bemerkt zu werden, sowie „Werkzeuge", um die Beute zu greifen, zu töten und zu zerteilen. So begann die Evolution, die auch zu den Greifvögeln und Eulen geführt hat. Beide Artengruppen unterscheiden sich heute von anderen Vogelarten vor allem durch den gebogenen Hakenschnabel und die scharfen Krallen, die einen festen Beutegriff erlauben und den Fang lebender Wirbeltiere ermöglichen.

Bis vor wenigen Jahrzehnten wurden beide Gruppen als „Raubvögel" zusammengefasst. Die heutigen Greifvögel wurden als „Tag-Raubvögel" bezeichnet, die Eulen als „Nacht-Raubvögel". Neue Erkenntnisse haben jedoch dazu geführt, Greifvögel und Eulen heute als komplett getrennte Gruppen zu betrachten. Einer der Hauptgründe hierfür ist die verschiedenartige *Kopfstruktur*. Für die Greifvögel sind seitlich am Kopf sitzende Augen typisch, während Eulenaugen starr nach vorne gerichtet sind und teleskopartig durch einen Ring aus Knochenplatten (Sklerotikalring) eingefasst und gestützt werden. Auch die Flugweise unterscheidet beide Gruppen. Während Greifvögel als Flugkünstler weltbekannt geworden sind und mit Hilfe von Thermiken, Segel- und Gleitflugtechniken Tausende von Kilometern zwischen nordischen Brutgebieten und afrikanischen Winterquartieren reisen, fliegen Eulen überwiegend kurze Strecken im aktiven

Ziehende Mäusebussarde über dem schwedischen „Greifvogelmekka" Falsterbo. An Zugengpässen vor größeren Gewässern kann es zu gewaltigen Greifvogelansammlungen kommen. Foto F. Heintzenberg

Flug und unternehmen nur selten längere Wanderungen. Einzelne Eulenarten, wie beispielsweise Sperbereulen, können aber auch einige Tausend Kilometer weit ziehen und gelegentlich invasionsartig weit abseits der Brutgebiete erscheinen.

Diese Unterschiede in der Lebensweise und dem Körperbau sind Grund für die Annahme, dass Greifvögel und Eulen nicht sehr eng miteinander verwandt sind, sondern sich im Laufe der Evolution bereits vor vielen Millionen Jahren voneinander getrennt haben. Diese Theorie wird von einer Vielzahl Fossilienfunde unterstützt. Die ältesten Eulenfossilien, die man gefunden hat, stammen aus einer Zeit vor etwa 54−38 Millionen Jahren und bereits vor 24 Millionen Jahren flogen Vertreter der Schleiereulen durch das Dunkel der Nacht. Vor gerade einmal 30 000−10 000 Jahren lebten im Mittelmeerraum Schleiereulen, die etwa doppelt bis dreimal so groß waren wie die heutigen Schleiereulen und sich nicht von kleinen Mäusen, sondern von bis zu einem Meter langen, damals lebenden Nagetieren ernährten. Diese Arten sind heute ausgestorben oder haben sich durch die Evolution zu einer der heute lebenden Eulenarten entwickelt. Insgesamt gibt es heute weltweit 160−200 Eulenarten, die sich in zwei verschiedene Familien gliedern, die Schleiereulen *Tytonidae* und die Eigentlichen Eulen *Strigidae*.

Die früheren „Tag-Raubvögel" haben heute den gerechteren Namen „Greifvögel" erhalten. Auch diese Arten existieren seit vielen Millionen Jahren. Einzelne heute ausgestorbene Greifvogelarten sind bereits durch 55 Millionen Jahre alte Fossilien bekannt. Auch von den heute noch lebenden Arten gibt es Versteinerungen, die von einer langen Entstehungsgeschichte zeugen. Fischadler haben bereits vor 10 Millionen Jahren erfolgreich Fischen nachgestellt, etwa 5 Millionen Jahre, bevor Menschen überhaupt aus der Entwicklungslinie der Affen abgespalten wurden. Heutzutage gibt es weltweit etwa 450−480 verschiedene Greifvogelarten, je nachdem, inwiefern man eventuelle Unterarten als eigene Arten betrachtet. Diese werden in fünf Familien aufgeteilt, die Habichtsverwandten Greifvögel *Accipitridae*, die Fischadler *Pandionidae*, die Falken *Falconidae*, die amerikanischen Neuweltgeier *Cathartidae* und die in Afrika lebende Familie der Sekretäre *Sagittariidae*, die jedoch nur eine Art umfasst.

Obwohl die Unterschiede zwischen den Eulen und Greifvögeln dafür gesorgt haben, beide Gruppen systematisch in verschiedene Ordnungen einzustufen, sind die Ähnlichkeiten nicht zu übersehen. Sowohl

Porträt eines See-
adlers. Der ge-
waltige Schnabel
ist relativ unge-
fährlich und dient
in erster Linie als
„Haken", um
Fleischstücke
herauszureißen.
Foto F. Heintzen-
berg

Eulen als auch Greifvögel fangen überwiegend lebende Wirbeltiere,
die sie mit den scharfen Krallen greifen und mit dem Hakenschnabel
zerteilen. Sie orten die Beute mit einem scharfen Blick oder dem gut
entwickelten Gehör. Vertreter beider Artengruppen sind in der Lage,
Geräusche mit Hilfe eines Gesichtsschleiers aus Federn so zu verstärken, dass die Beute allein akustisch lokalisiert werden kann. Diese
Ähnlichkeiten stammen jedoch nicht von einem gemeinsamen
Vorfahren der Greifvögel und Eulen, sondern sind allem Anschein
nach parallel zueinander, als Anpassungen an ähnliche Beutefang-
methoden, entwickelt worden.

Mit berühmten Adleraugen

Nicht nur Greifvögel, sondern auch Eulen sind mit einem besonderen Sehsinn ausgestattet, der diesen Arten eine Welt zeigt, die wir Menschen uns in unserer wildesten Fantasie nicht vorstellen können. Adleraugen müssen aus einer Höhe von über einem Kilometer eine Maus entdecken können. Ein Wespenbussard muss aus sicherer Entfernung eine winzige Wespe bis zu ihrem Nest verfolgen können, und ein Uhu muss auch in der tiefsten Nacht sicher seine Beute orten und den Weg zum Nest finden. Dieses sind nur ein paar Beispiele für die speziellen Ansprüche an den Sehsinn dieser Artengruppen. Eine der wichtigsten Eigenschaften des Adlerauges ist die Auflösung. Während wir Menschen aus etwa 40 cm Entfernung zwei Punkte erkennen können, die nur 0,2 mm voneinander entfernt sind, kann ein Geier auch zwei Punkte erkennen, die nur halb so weit voneinander entfernt sind, also 0,1 mm. Mit unseren Augen sehen wir diese als nur einen Punkt. Greifvogelaugen haben somit eine wesentlich höhere Auflösung als unsere menschlichen Augen und sehen doppelt so scharf. Einer der Hauptgründe hierfür liegt an der Konstruktion der Netzhaut, auf der das Bild erscheint und über Nervensignale an das

Greifvögel haben drei Augenlider – zwei, die das Auge von oben bzw. unten verschließen sowie ein seitliches, die sogenannte „Nickhaut", die die Hornhaut schützt und reinigt. Man erkennt die Nickhaut rechts neben der gelben Iris. Foto F. Heintzenberg

„Finger" weg. Die Füße eines Sperbers. Nadelscharfe Krallen erleichtern einen festen Beutegriff. Foto F. Heintzenberg

Gehirn weitergeleitet wird. Die Netzhaut ist dicht mit Sehzellen bestückt, die etwa eine doppelt so hohe Dichte haben wie das menschliche Auge. Dadurch ergibt sich eine etwa doppelt so hohe Auflösung, die deutlich wird, wenn man sie mit den modernen Digitalkameras vergleicht. Eine Digitalkamera mit acht Millionen Pixeln hat doppelt so viele Bildpunkte wie eine Kamera mit nur vier Millionen Pixeln. Folglich sind die Bildpunkte doppelt so dicht nebeneinander, und das Bild wird doppelt so scharf. Aber auch die Optik ist von Bedeutung. Die Linse eines Greifvogelauges ist wesentlich stärker gekrümmt als beim menschlichen Auge. Dadurch ergibt sich eine bessere Sehleistung, und das Bild wird größer auf der Netzhaut abgebildet, was mit einem Fernglas verglichen werden kann, das bei Greifvögeln jedoch bereits im Auge integriert ist. Nicht zuletzt sind sowohl Greifvogel- als auch Eulenaugen sehr groß und verhältnismäßig lang. Die Länge ist von Vorteil, da das Bild automatisch größer abgebildet wird, ungefähr nach dem gleichen Prinzip, als wenn man einen Diaprojektor weiter entfernt von der Leinwand aufstellt und auf diese Weise das Bild vergrößert. Eulenaugen können nicht nur sehr scharf sehen, sie funktionieren auch nachts unter sehr schlechten Lichtverhältnissen, wenn wir Menschen kein klares Bild mehr erkennen können. Sie haben eine Pupille, die die gesamte Breite des Auges einnehmen

kann. Dadurch haben manche Eulenarten ein etwa zehnmal licht-
empfindlicheres Auge als der Mensch. Aufgrund ihrer weitgehend
nächtlichen Lebensweise haben sie ihr Farbsehen reduziert und
stattdessen das Schwarz-weiß-Kontrastsehen optimiert. Auf einem
kleinen Bereich der Netzhaut ist die Dichte der Stäbchen bemerkens-
wert hoch, was den Eulen ein relativ helles, jedoch wenig farbiges
Bild in der Dunkelheit gibt. Eulenaugen sind durch einen Knochenring
mit Stützfunktion röhrenförmig geformt. Dieser Tubus verlängert
das Auge, stützt es und erlaubt dadurch eine wesentlich größere
Pupillenöffnung als bei runden Augen. Nur bei absoluter Dunkelheit
können auch Eulenaugen nichts mehr sehen. Dann hilft jedoch das
phänomenale Ortsgedächtnis einiger Arten, so dass beispielsweise
Schleiereulen auch in völlig dunklen Gebäuden sicher navigieren
können.

Perfektes Gehör

Nicht nur die Augen, sondern auch das Gehör ist bei vielen Eulen-
und Greifvogelarten perfekt entwickelt. Das hilft in erster Linie, die
Beutetiere sicher zu orten. Der „evolutionäre Trick" des Gehörs vieler
Eulenarten ist die Lage der Ohren. Sie sind asymmetrisch am Kopf
angeordnet, so dass das eine Ohr etwas oberhalb des anderen sitzt.
Dazu befinden sich beide Ohren auch in unterschiedlichem Abstand
zur Geräuschquelle, wenn diese frontal angepeilt wird. Dadurch
ergibt sich eine leichte Verzögerung des Schalls, der nicht genau
gleichzeitig auf beide Ohren trifft. Auch wenn es sich hierbei um
Mikrosekunden handelt, reicht diese Zeitdifferenz aus, um die genaue Richtung des Geräusches zu orten, und zwar nicht nur horizon-
tal, sondern auch vertikal. Diese beeindruckenden Fähigkeiten erlauben es beispielsweise der Schleiereule, eine raschelnde Maus auf
große Entfernung genau zu lokalisieren. Wenn sich die Eule der
raschelnden Beute im Flug nähert, hält sie immer wieder inne, um in
der Luft rüttelnd die Richtung neu zu bestimmen und zu korrigieren.
Neben der Lage der Ohren spielt auch die Gefiederstruktur des Kopfes
beim Hören eine große Rolle. Der bekannte Gesichtsschleier der
Eulen wirkt wie ein Parabolreflektor, der den Schall sammelt, bündelt
und an das Ohr weitervermittelt. Auch unter den Greifvögeln gibt es
einzelne Arten, die das gleiche Prinzip nutzen. Alle Weihenarten
haben einen deutlichen Gesichtsschleier, der Geräusche weiterleitet
und optimiert, so dass auch im Gras verborgene Kleinnager ohne
optischen Kontakt erbeutet werden können, nur mit Hilfe des Gehörs.

Dieser Gesichtsschleier kann bei vielen Arten wachsam aufgestellt werden, um entfernt liegende Geräuschquellen genauer zu untersuchen.

Flugakrobaten verschiedenster Art

Je nach Artengruppe haben sich Greifvögel und Eulen an die verschiedensten Flugweisen angepasst, die dabei helfen, schnell einer Gefahr zu entkommen, energiesparend ins Winterquartier zu ziehen und sicher ein schnelles Beutetier zu fangen. Unter den Greifvögeln haben große Arten wie **Adler**, **Bussarde** und **Geier** im Laufe der Evolution sehr breite und lange Flügel entwickelt. Wie auch bei anderen sehr großen Vogelarten, wie beispielsweise Störchen und Kranichen, sind die breiten Flügel besonders auf langen Flugstrecken von Vorteil. Diese Arten können die thermischen Aufwinde geschickt nutzen und sich mit deren Hilfe kreisend in die Höhe schrauben. Warmluft folgt

Nur einzelne Eulenarten ziehen über längere Strecken. Invasionsartig kann die Sperbereule auch nach Mitteleuropa vordringen. Foto F. Heintzenberg

den Gesetzen der Thermodynamik und steigt in die Höhe, was für diese Vogelarten ausreicht, um auf den warmen Luftmassen in die Höhe gedrückt zu werden. Ab einer gewissen Höhe wird der Flugstil geändert und die gewonnene Höhe dazu genutzt, schnurgerade im Gleitflug in eine Richtung zu ziehen. Bussarde fallen auf einer Gleitflugstrecke von einem Kilometer etwa 100 m, so dass beispielsweise eine Höhe von zwei Kilometern ausreicht, um unter optimalen Bedingungen und fast ohne energetischen Aufwand eine Strecke von 20 km zu gleiten, um sich danach auf neuen thermischen Aufwinden neu in die Höhe zu schrauben. Die Fähigkeit des Segelfliegens hat jedoch auch Nachteile, da die Vögel zum einen sehr abhängig von gutem Wetter sind, zum anderen große, offene Wasserflächen schnell zu einer tödlichen Falle werden können. Diese großen Arten können weite Strecken nicht aktiv fliegen, ohne zwischenzulanden, da die Brustmuskulatur zu schwach ist, um die Entfernung mit aktiven Flügelschlägen zu meistern. Über Wasser bildet sich nur eine sehr schwache Thermik, so dass Adler, Bussarde und Geier über Land kreisend aufsteigen müssen, um das Gewässer im Gleitflug zu überqueren. Greifvögel, die sich in der Entfernung verschätzen oder auf ungeahnten Gegenwind stoßen, können eine böse Überraschung erleben, da ihr Gleitflug bereits weit vor dem rettenden Ufer enden kann. Die verbleibende Strecke muss dann aktiv geflogen werden. Wer das nicht schafft und kein rettendes Boot findet, kann dabei

An Winterfütterungen kommt es häufig zu Streitigkeiten zwischen verschiedenen Arten. Hier ein junger Steinadler, der einen adulten Seeadler angreift. Nur selten kommt es dabei zu Verletzungen. Foto F. Heintzenberg

ertrinken. Große Greifvögel haben daher einen angeborenen Respekt vor Gewässern. Dies führt dazu, dass es zu riesigen Greifvogelkonzentrationen an Meerengen kommen kann. Im schwedischen Falsterbo können alljährlich bis zu 40 000 Greifvögel beobachtet werden, die die Halbinsel als Sprungbrett über den Öresund nutzen. Weitere bekannte Gebiete sind die Meerenge von Gibraltar, wo die Vögel das Mittelmeer überqueren, sowie die „Straße von Messina", die Kalabrien auf dem süditalienischen Festland von der Insel Sizilien trennt. In Deutschland ist der Grüne Brink auf Fehmarn für seine alljährlichen Greifvogelansammlungen bekannt, auch wenn diese weitaus weniger ausgeprägt sind als in Falsterbo, Gibraltar oder Sizilien. Kleinere Greifvogelarten wie **Falken** und **Weihen** haben bedeutend schmalere Flügel, die sich nicht für den Segelflug eignen. Sie sind dagegen mit einer sehr kräftigen Brustmuskulatur ausgestattet, die es ermöglicht, weite Strecken im aktiven Flug zu absolvieren. So können viele Falkenarten das Mittelmeer und andere natürliche Hindernisse in breiter Front überqueren, ohne auf Thermiken angewiesen sein zu müssen.

Steinadler haben in den vergangenen Jahren wieder zugenommen. In Deutschland kann man den eindrucksvollen Segelflieger vor allem in den Alpen kreisen sehen. Foto F. Heintzenberg

Natürlicher Schalldämpfer

Nachtaktive Eulen haben bei Dunkelheit kaum die Möglichkeit, Thermiken auszunutzen, da diese von der Sonne gebildet werden. Sie kombinieren daher den aktiven Flug mit einzelnen Gleitstrecken und

profitieren dabei von ihrem im Verhältnis zu den relativ großen Flügeln sehr geringen Gewicht, was vielfach den Eindruck hinterlässt, dass diese Arten völlig schwerelos fliegen. Da nur wenige Eulenarten über längere Strecken ziehen, können sie bei ihren Nahrungsflügen auf Sitzwarten Ruhepausen einlegen. Eulenflügel haben dazu eine Besonderheit, die in der Vogelwelt einmalig ist. Ihre Flügel haben eine gezähnte Flügelvorderkante. Diese Zähnelung verringert Luftwirbel, die als ungewolltes Fluggeräusch Kleinnager warnen könnten. In Kombination mit dem sehr weichen Gefieder und sehr langsamen Flügelschlägen trägt die gezähnte Kante dazu bei, dass einige Eulen nahezu völlig lautlos fliegen und ihre Beute überraschen können.

Opfer des menschlichen Aberglaubens

Aufgrund ihrer nächtlichen Lebensweise und der schrill-heiseren Rufe einiger Arten sind Eulen zu einem Sinnbild für Gut und vor allem Böse erklärt worden. Im Volksglauben nahezu aller Kulturen sind daher Eulen zu finden, sei es in Form von abergläubischen Bildern oder Erzählungen. Aufgrund ihrer puppenartig starr nach vorne gerichteten Augen mit deutlichen Augenlidern und des runden Kopfes sind sie vielfach vermenschlicht worden. Im Alten Griechenland sind Eulen Symbole für Weisheit gewesen. Der Mythologie zufolge hatte die Göttin Athene den Steinkauz als „Vogel der Weisheit" benannt, worauf die kleine Eule ein ständiger Begleiter der Göttin wurde. Aufgrund dieses Sonderstatus genossen Steinkäuze um Athenes Tempel herum einen besonderen Schutz.

Indianische Kulturen Nordamerikas sahen in der Eule eine Verbindung des Reichs des Todes mit den Lebenden. So genossen Eulen Schutz und Respekt und wurden von den Stämmen verehrt.

Ein weitaus weniger glückliches Dasein hatten die Eulenarten in der abendländischen Kultur. Hier waren Eulen in erster Linie als Totenvögel verschrien. Einem weit verbreiteten Aberglauben zufolge kündigten nächtliche Eulenrufe den baldigen Tod eines dort wohnenden Menschen an. Der „Ku-witt"-Ruf des Waldkauzes wurde vielfach als „Komm mit" interpretiert. Der einzige Schutz gegen den Tod war eine tote Eule, die an das Scheunentor genagelt wurde. Diese Sitte wurde bis vor wenigen Jahrzehnten in weiten Gebieten Europas praktiziert. Eulen sind daher vielerorts geschossen worden. Wie viele Eulen diesem grausamen Schicksal mangelnder menschlicher Intelligenz zum Opfer gefallen sind, ist nicht bekannt, es dürften jedoch viele zigtausend gewesen sein.

Andere drastische Maßnahmen gegen nächtliche Eulen spiegeln sich in verschiedenen Kulturen wider. Gebäude, die von einer Schleiereule besucht worden waren, wurden abgerissen oder mit scharfen Chemikalien behandelt, um die „Folgen" des Eulenbesuchs zu lindern und das Böse fernzuhalten. Mancherorts wurde versucht, den Dämon in der Eule zu bezwingen, indem man sie pfählte. Doch nicht überall glaubte man daran, dass es sinnvoll sei, Eulen einfach zu töten, da diese als Mittler zwischen Totenwelt und Leben schlimme Rache üben könnten. Die einzige risikofreie Möglichkeit, die Eule zu töten,

Nicht immer hat der Kontakt zum Menschen für Greifvögel und Eulen negative Konsequenzen. Wiesenweihen brüten zunehmend in Getreidefeldern. Durch Zusammenarbeit mit Landwirten können diese Bruten vor dem Ausmähen gerettet werden. Dithmarscher Speicherkoog 1992. Foto F. Heintzenberg

war ein Schuss mit geweihten Nägeln. Die Liste der abergläubischen Praktiken ist lang und sehr unschön.

Glücklicherweise hat sich die Einstellung gegenüber den Eulen heutzutage gewandelt. Obwohl der tief verwurzelte Aberglauben in Einzelfällen mancherorts noch immer fortlebt, überwiegt heute die Faszination für die Eulen. Sie gelten als kluge und weise Vögel und werden häufig mit einem Doktorhut oder einer Brille im Talar abgebildet. Sie haben einen menschlichen Vernichtungsfeldzug überlebt, der seinesgleichen sucht und nur auf den Ängsten und Aberglauben von uns Menschen beruhte. Heutzutage genießen alle Eulenarten einen strengen und wohlverdienten Schutz und haben ihren Platz in der Natur und unseren Herzen wiedergewonnen. Besonders erfreulich ist der Einzug der Eulen in die moderne Kinder-

In Afrika bildet der Sekretär *Sagittarius serpentarius* eine eigene Greifvogelfamilie, die sich an das Leben in der Savanne angepasst hat. Foto F. Heintzenberg

und Jugendliteratur. Bücher und Filme wie J. K. Rowlings „Harry Potter" stellen Arten wie Schnee-Eule und Bartkauz in einem sehr positiven Licht dar und tragen viel zu dem Verständnis für Eulen bei.

Auch viele Greifvogelarten haben über Jahrhunderte ein grausames Schicksal erleiden müssen. Hier war es weniger der Aberglauben, sondern eher die Jagd, die viele Arten an den Rand des Aussterbens gebracht hat. Adler und Habichte wurden als „Feind des Niederwilds" geschossen, ausgehorstet und in Fallen gefangen, Geier wurden vielerorts als „Totenvögel" angesehen und vergiftet. Die heutige Scheu vieler Greifvogelarten ist größtenteils dadurch zu erklären, dass nur die wachsamsten Vögel, die den Menschen weit gemieden haben, überleben konnten. Diese „scheuen Gene" sind über Jahrhunderte selektiert worden und bilden heute den Stamm für die scheuen Adler- und Habichtsbestände Europas. Diese Sündenbockpolitik ist auch heute noch vielerorts weit verbreitet, auch wenn viele Arten mittlerweile einen strengen Schutz genießen. Es ist noch viel Aufklärungsarbeit nötig, um Greifvögeln und Eulen endlich ihren wohlverdienten Platz in unserer Natur zu garantieren.

Topographie

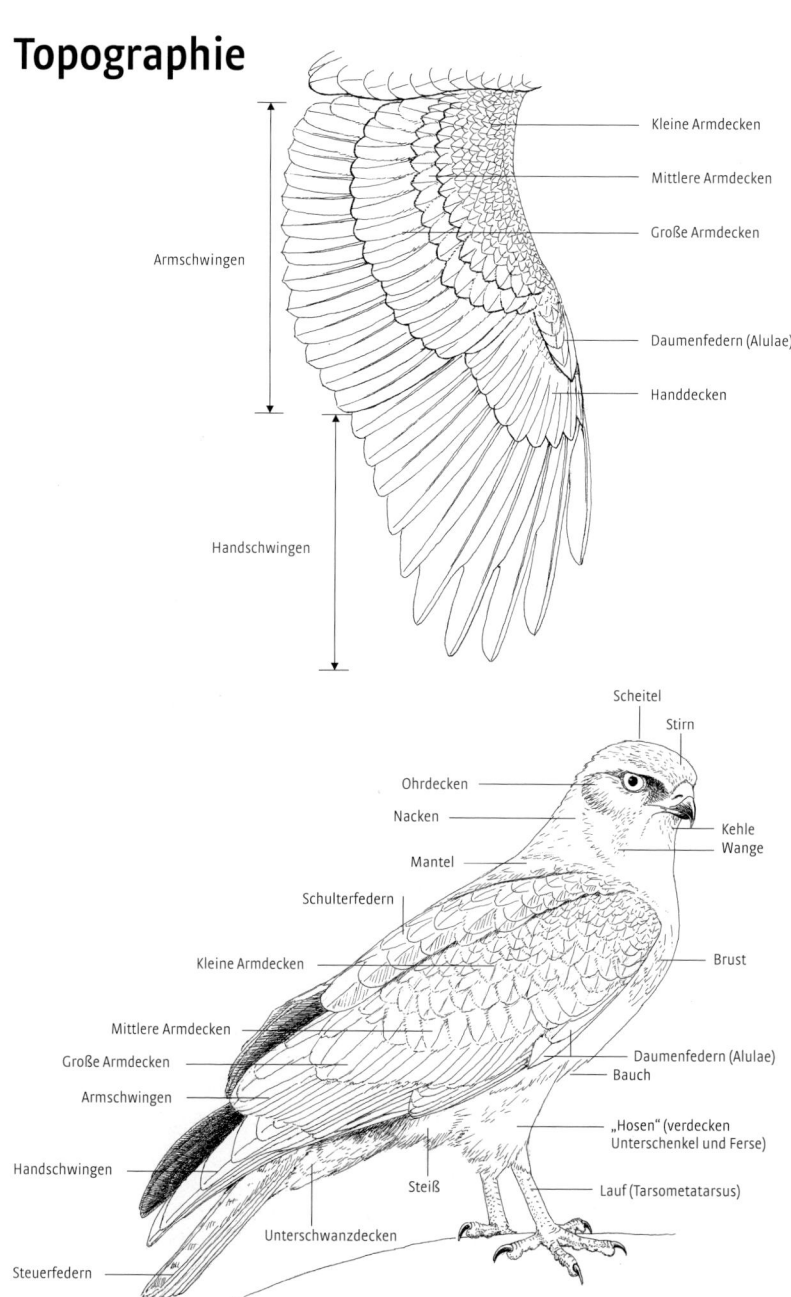

Kleine Armdecken

Mittlere Armdecken

Große Armdecken

Daumenfedern (Alulae)

Handdecken

Armschwingen

Handschwingen

Scheitel

Stirn

Ohrdecken

Nacken

Kehle

Wange

Mantel

Schulterfedern

Kleine Armdecken

Brust

Mittlere Armdecken

Große Armdecken

Armschwingen

Daumenfedern (Alulae)

Bauch

Handschwingen

„Hosen" (verdecken
Unterschenkel und Ferse)

Lauf (Tarsometatarsus)

Steiß

Unterschwanzdecken

Steuerfedern

Eulen

Schleiereule *Tyto alba*

Als Kulturfolger sind Schleiereulen in weiten Teilen Deutschlands und Europas zu Hause. In Deutschland fehlen sie nur in der Alpenregion, vermutlich weil ihnen dort in Schneewintern die Nahrungsgrundlage fehlt. Die Schleiereule brütet in Kirchtürmen und größeren Gebäuden in ländlichen Gegenden, häufig in alten Scheunen. Gerne nimmt sie Spezialnistkästen als Brutplatz an. Als Folge der Modernisierung der mitteleuropäischen Landwirtschaft sind in den vergangenen Jahren die Schleiereulenbestände zurückgegangen. In der Vergangenheit sind Schleiereulen oftmals dem Aberglauben zum Opfer gefallen. Sie galten lange Zeit als Vorankündigung für den Tod und wurden häufig geschossen und an Scheunentore genagelt.

KENNZEICHEN Länge 34 cm, Spannweite 90–98 cm, Gewicht 290–370 g. Unverkennbar. Eine mittelgroße, relativ schlanke Eule. Größe zwischen Steinkauz und Waldkauz mit deutlich hellem, herzförmigem Gesichtsschleier und gelblicher Grundfärbung des Gefieders. Schleiereulen treten in zwei Farbvarianten auf. Im Südwesten Europas haben Schleiereulen der Unterart *alba* eine weißliche Unterseite, im Norden und Osten ihres Verbreitungsgebietes kennzeichnet die Unterart *guttata* eine gelbliche Unterseite. **Sitzend** Eine schlanke Eule, die wie die meisten anderen Eulenarten aufrecht sitzt. Im Sitzen ist die Kombination aus gelblicher Gesamtfärbung und einem weißen Gesichtsschleier arttypisch. Die Größe des Gesichtsschleiers kann je nach Stimmung der Schleiereule geändert werden. Tagsüber ist der Schleier oftmals klein und schmal, bei Erregung hingegen eher rund und groß. Die Flügel sind lang und überragen den Schwanz um ein paar Zentimeter. **Im Flug** Nur selten sieht man Schleiereulen fliegend. Die große Mehrzahl aller Schleiereulen ist streng nachtaktiv und kann tagsüber nur nach einer Störung am Tageseinstand beobachtet werden. Jedoch können insbesondere Jungvögel bereits in der Dämmerung aktiv sein. Im Fluge sind Schleiereulen auffallend hell, fast weißlich. Allerdings können auch andere Eulenarten wie beispielsweise Wald- und Sumpfohreulen im Dunkel der Nacht erstaunlich hell wirken. Die Flugweise ist kraftvoll, aber dennoch grazil. Wie fast alle Eulenarten fliegt auch die Schleiereule nahezu lautlos mit relativ langsamen Flügelschlägen. Während der Nahrungssuche werden die Jagdgebiete in nur wenigen Metern Höhe abgeflogen.

Dabei rütteln Schleiereulen regelmäßig und sind erstaunlich wendig. Rasche Wendungen von 180 Grad sind dabei nicht selten. Schleiereulen können auch bei kompletter Dunkelheit in einer bekannten Umgebung noch fliegen. Dabei hilft das extrem gut entwickelte Ortsgedächtnis dieser Art. Gegenstände in komplett dunklen Gebäuden können somit geschickt umflogen werden, ohne dass die Eule sie nachts sehen kann. Dieses phänomenale Ortsgedächtnis kann der Schleiereule aber auch zum Verhängnis werden, wenn zum Beispiel größere landwirtschaftliche Maschinen an anderen Stellen aufgestellt werden. **Männchen** und **Weibchen** sind im Feld nicht zu unterscheiden. **Rufe** Schleiereulen haben ein für Eulen recht untypisches Rufrepertoire. Der typische Balzruf des Männchens ist ein schrill, rau kreischendes, etwa 2 Sekunden andauerndes „shrriiii". Das Weibchen hat einen, an einen Ziegenmelker erinnernden, schnurrenden Ruf, der häufig wiederholt wird.

Der herzförmige Gesichtsschleier hat der Art ihren deutschen Namen gegeben. Foto M. Danegger

VERBREITUNG UND LEBENSRAUM Der Großteil der europäischen Brutvögel ist im südlichen und südwestlichen Europa zu Hause. Nach Schätzungen von Birdlife International brüten in Frankreich etwa 20 000–60 000 Paare, in Spanien sogar 50 000–90 000 Paare. Die nördliche Verbreitungsgrenze verläuft in Dänemark. In Südschweden brüten unregelmäßig einzelne Paare. Auf der klimatisch recht warmen Ostseeinsel Bornholm gibt es dazu ein kleines Vorkommen von etwa fünf bis zehn Paaren. Man schätzt den Bestand in Deutschland auf etwa gut 15 000 Brutpaare. Der gesamte mitteleuropäische Bestand beträgt Schätzungen zufolge ungefähr 25 000 Paare.

Schleiereulen leben in offenen, strukturreichen Kulturlandschaften mit Dörfern, Gehöften und Kirchen, die als Tageseinstände genutzt werden können. Sie bevorzugen Gegenden mit extensiver Landwirtschaft, die mit relativ kleinen Feldern und Ackerrandstreifen Feld- und Wühlmäusen einen Lebensraum bieten. Zu großflächige Agrarmonokulturen werden gemieden. Auch die Nähe von Wäldern wird vermieden, da dort Waldkäuze den Schleiereulen Konkurrenz machen können. Weltweit gibt es 30 **Unterarten** der Schleiereule. In Europa leben nur vier Unterarten: *Tyto a. alba* in weiten Teilen Süd- und Westeuropas, *Tyto a. guttata* in Mittel-, Nord- und Osteuropa, *Tyto a. gracilirostris* auf den östlichen Kanarischen Inseln und *Tyto a. schmitzi* auf Madeira.

Schleiereulen sind Kulturfolger und brüten gerne in alten, landwirtschaftlich genutzten Gebäuden. Foto D. Nill

WISSENSWERTES Die **Nahrung** besteht zu einem Großteil aus Kleinsäugern, vor allem aus nachtaktiven Wühlmäusen und Spitzmäusen, aber auch Kleinvögeln. Letztere werden vermutlich am Schlafplatz überrascht und geschlagen. Überschüssige Nahrung kann
am Brutplatz auf Vorrat gelagert werden. Man hat bei einzelnen
Schleiereulenpaaren Vorräte von bis zu 80 Mäusen gefunden. Pro
Brutsaison fängt ein Schleiereulenpaar bis zu 3000 Mäuse. Da
Schleiereulen nur sehr wenig Körperfett lagern können, müssen sie
auch im Winter regelmäßig Zugang zu Nahrung haben. Sie jagen
daher gerne in Scheunen, in denen Getreide gelagert wird, wodurch
Mäuse angelockt werden. In harten Wintern kann man Schleiereulen
auch mit Mäusen füttern, indem man beispielsweise Labormäuse in
einer alten Badewanne in einer Scheune anbietet. Trotz ihrer Nähe
zum Menschen leben Schleiereulen sehr zurückgezogen. Am Tages-
ruheplatz in Scheunen, alten Gebäuden oder in dichten, immer-
grünen Bäumen sind sie kaum zu entdecken. Dort verharren sie oftmals stundenlang völlig regungslos mit zusammengekniffenen
Augen. Aus Gründen der Tarnung wird dabei auch der weiße Gesichts-

Schleiereule mit
erbeuteter junger
Ratte. Ein einziges
Schleiereulen-
paar kann bis zu
3000 Kleinnager
pro Brutsaison
fangen. Foto
H. Pollin

Schleiereulenkästen können erheblich zum Bruterfolg der Schleiereule beitragen. Sie werden vorzugsweise in alten Scheunen aufgehängt. Die Kästen sollten Ventilationslöcher haben und alljährlich gereinigt werden. Foto F. Heintzenberg

schleier zusammengekniffen und die Augen werden fast völlig geschlossen.

Die **Brut**zeit beginnt im Frühjahr und kann sich über den gesamten Sommer bis hin zum Frühherbst erstrecken. Während der Brutzeit fliegt das Männchen Balzflüge und markiert mit seinen Balzrufen sein Revier. Nach der Paarbildung fängt das Weibchen an, die 4–7 Eier, in seltenen Fällen auch bis zu 15 Eier, zu bebrüten. Nach dem Brutbeginn versucht das Männchen weitere Weibchen anzulocken. Das Liebesleben der Schleiereule ist durchaus komplex und zeigt die verschiedensten Varianten. Schachtelbruten, bei denen der eine Partner vor Abschluss der ersten Brut eine neue Brut beginnt, sind nicht selten. Dabei kann ein Männchen mehrere Weibchen haben, entweder am gleichen Nistplatz oder an verschiedenen Nistplätzen. Aber auch die Weibchen können zwei Männchen haben. Dabei zieht das erste Männchen nach dem Schlüpfen die erste Brut alleine auf, während das Weibchen mit einem zweiten Männchen eine zweite Brut beginnt. Es kommt auch gelegentlich vor, dass zwei Männchen die gleiche Brut eines Weibchens versorgen. Bei gutem Nahrungsangebot kann ein Paar auch zwei Bruten nacheinander mit insgesamt bis zu 19 Jungen aufziehen.

Wie fast alle Eulen sind auch junge Schleiereulen direkt nach dem Schlüpfen sehr klein und hilflos. Die Augen öffnen sich erst im Alter von 8 Tagen. Im Gegensatz zu anderen Eulenarten haben junge Schleiereulen zwei verschiedene Dunenkleider. Das erste, weißliche Dunenkleid wird bis etwa zum 10. Lebenstag getragen und danach von einem oberseits weißlichgrauen und unterseits gelblichweißen Dunenkleid ersetzt. Während die jungen Schleiereulen am Nistplatz heranwachsen, üben sie das optische Fixieren von Beutetieren, indem sie mit pendelnden Bewegungen den Kopf verdrehen, vermutlich, um ein Gefühl für Bewegung und Abstand zur Beute zu bekommen. Im Alter von 40–45 Tagen wandern die Jungeulen vom Brutplatz ab, werden aber noch lange Zeit von ihren Eltern versorgt, da sie noch flugunfähig sind und allenfalls flatternd ein paar Meter springen können. Erst im Alter von 3 Monaten können sie fliegen und wandern endgültig vom Brutplatz ab. Jungvögel wandern dabei in alle Himmelsrichtungen und siedeln sich häufig in der Nähe des Elternreviers an. Gelegentlich können auch Wanderungen von einigen hundert Kilometern unternommen werden. Der Rekord eines beringten Vogels liegt bei 2272 km.

Schleiereulen werden in der freien Natur nicht häufig älter als 4 Jahre. In seltenen Fällen hat man durch Beringungen ein Maximalalter von 22 Jahren nachweisen können.

Ästling der Schleiereule. Erst im Alter von etwa drei Monaten können die Jungen sicher fliegen. Foto K. H. Löhr

Zwergohreule *Otus scops*

Zwergohreulen sind je nach Verbreitungsgebiet Zugvögel oder Teilzieher, die in Europa überwiegend südlich der Alpen leben und den Winter im südlichsten Europa bis nach Afrika verbringen. Sie lassen sich nur selten beobachten, da sie streng nachtaktiv sind und ihr rindenartig gefärbtes Gefieder ihnen eine ausgezeichnete Tarnung bietet. Am ehesten wird man auf die arttypischen Rufe aufmerksam, die in weiten Regionen des Mittelmeerraumes nachts zu hören sind. Ihre Nahrung besteht in erster Linie aus Insekten. Einzelne Vorkommen sind seit einigen Jahren im südlichen Deutschland bekannt, wo die Art auch gebrütet hat.

KENNZEICHEN Länge 19–21 cm, Spannweite 47–54 cm, Gewicht 77–119 g. Zwergohreulen sind knapp amselgroß und relativ schlank. Sie sind die kleinsten aller Ohreulen. Im Vergleich zur Körpergröße sind die Federohren relativ stumpf und dick. Wie auch bei anderen Ohreulen können die Ohren je nach Stimmung angelegt werden. Das Gefieder ist rindenartig gefärbt und tarnt die kleine Eule perfekt im Geäst von Bäumen. Ober- und Unterseite sind grau-schwarz marmoriert, mit feinen Längs- und Querstrichen. Die Augen sind zitronengelb, der Schnabel grau. Man unterscheidet zwei Farbvarianten, eine graue und eine rötlichbraune Morphe. **Männchen** und **Weibchen** sind im Feld nicht voneinander zu unterscheiden. Auch die **Jungvögel** sind nach dem Vermausern des Jugendkleides nicht mehr von den Eltern zu unterscheiden. **Ähnliche Arten** Steinkauz.

VERBREITUNG UND LEBENSRAUM Die Zwergohreule brütet im gesamten Mittelmeerraum von Portugal über Spanien, Frankreich, Italien bis hin nach Griechenland und die Türkei. Nach Norden erstreckt sich das Brutgebiet bis knapp südlich der Alpen. Einzelne singende Männchen verschlägt es jedes Jahr auch in Regionen nördlich der Alpen, wie z. B. nach Süddeutschland, wo es auch bereits mindestens einzelne Brutnachweise gegeben hat. Neuere Brutnachweise stammen aus dem Landkreis Südliche Weinstraße in der Pfalz (Rheinland-Pfalz), wo es im Jahre 2003 einen Brutnachweis mit drei Jungvögeln und 2004 an derselben Stelle einen weiteren Brutnachweis mit mindestens zwei Jungvögeln gegeben hat. Im Jahre 2005 war der Brutplatz nicht mehr besetzt. Stattdessen rief je ein Männchen im Nahetal bei Bad Münster am Stein (Rheinland-Pfalz) sowie ein weiteres in der Nähe von Köln. Vom Mai bis Mitte Juni 2006 war ein rufendes Männchen in einer Streuobstwiese in Kelkheim-Münster im Main-Taunus Kreis, nordwestlich von Frankfurt anwesend. Das kleine deutsche Vorkommen ist möglicherweise ein Ausläufer der französischen Population.

Der gesamte europäische Bestand umfasst Schätzungen zufolge etwa 90 000 Paare. Der überwiegende Teil dieser Vögel ist in Spanien, Kroatien und Südrussland beheimatet. Auch in anderen Mittelmeerländern gibt es größere Vorkommen. Kleinere Bestände leben in Ungarn, Österreich, der Slowakei und der Schweiz.

Trockene, offene Landschaften in klimatisch warmen Regionen stellen den **Lebensraum** der Zwergohreule dar. Sie brütet dort in Obsthainen, offenen Laubgehölzen, größeren Gärten und Alleen, die alte Bäume mit natürlichen Höhlen für die Brut bieten. Wichtig ist auch, dass die Lebensräume ausreichend Nahrung bieten.

Insgesamt sind weltweit sechs **Unterarten** beschrieben, die einander sehr ähnlich sind und im Feld nicht sicher unterschieden werden können. In Europa kommt neben der Nominatform *O. s. scops*, auf den Kykladen und Kreta die Unterart *O. s. cycladum*, auf Zypern und in der Levante *O. s. cyprius* und auf den Balearen *O. s. mallorcae* vor. Nahe verwandte Gattungen gibt es in Afrika und Ostasien.

Zwergohreule am Eingang zur Bruthöhle. Foto D. Nill

WISSENSWERTES Die Hauptnahrung der Zwergohreule besteht aus Insekten. Laubheuschrecken, aber auch Käfer, Nachtschmetterlinge und Zikaden werden geschickt von einer Ansitzwarte aus gefangen. Neben Insekten stehen auch Spinnen, Regenwürmer und in selteneren Fällen Kleinvögel und Kleinsäuger auf dem Speiseplan der Zwergohreule. Die Männchen besetzen im zeitigen Frühjahr ihre Reviere und versuchen durch Balzgesänge einen Partner zu finden. Gelingt dies, zeigt das Männchen dem Weibchen durch Lockrufe verschiedene mögliche Nistplätze. Während der Brutsaison ist der Balzruf des Männchens in den dunklen Sommernächten im Mittelmeerraum oft zu vernehmen. Er ist ein einsilbiger, in Abständen von 2 – 4 Sekunden wiederholter, relativ tiefer Pfeifton „tjüt". Dieser Gesang ist bis zu 1000 m weit zu hören. Auch das Weibchen hat einen Balzgesang, der dem des Männchens ähnlich, jedoch in der Tonlage etwas höher ist. Oftmals singen beide Partner im Duett. Der Gesang der Geburtshelferkröte ist den Rufen der Zwergohreule nicht unähnlich, unterscheidet sich jedoch durch einen etwas längeren und volleren Ton. Zwergohreulen sind Höhlenbrüter, die überwiegend in natürlichen Baumhöhlen brüten. Seltener werden Nistkästen für die **Brut** genutzt. Nachdem das Weibchen sich für eine Bruthöhle entschieden hat, legt es im Abstand von 1 – 3 Tagen 3 – 5 Eier. Diese werden bereits ab dem ersten Ei vom Weibchen alleine bebrütet. Das Männchen versorgt das Weibchen während der Brutzeit mit Nahrung. Nach etwa 24 Tagen schlüpfen die Jungen. Sie verlassen als Ästlinge im Alter von gut drei Wochen das Nest und werden Feinden gegenüber mutig von den Eltern verteidigt. Die ersten Beutefangversuche finden ab dem 45. Lebenstag statt. Danach versorgen die Eltern ihren Nachwuchs noch weitere zwei Wochen, bis sich die Familienverbände allmählich auflösen. **Zug** Im größten Teil ihres Verbreitungsgebietes ist die Zwergohreule ein Zugvogel mit Winterquartieren in den Baum- und Gebüschsavannen südlich der Sahara. Ab Mitte August beginnen die Jungvögel mit dem Zug, der bis Ende September abgeschlossen ist. Kleinere Teile der südeuropäischen Bestände in Südspanien, Süditalien und Südgriechenland über-

Zwergohreulen sind nahezu perfekt getarnt. Auch die sonst auffälligen gelben Augen können zu Sehschlitzen zusammengekniffen werden, um die Eule nicht zu verraten. Foto R. Diemer

Junge Zwerg-
ohreulen in der
Bruthöhle. Foto
B. Streit

wintern im Brutgebiet. Die Unterart *cyprius* scheint ausschließlich ein Standvogel zu sein. Frühestens gegen Ende März kehren die Zwergohreulen aus ihren Überwinterungsgebieten in ihre Brutgebiete zurück, der Großteil aber erst in der zweiten Aprilhälfte.

Die Zwergohreule ist eine streng nachtaktive Eule mit einem für Eulen typischen zweiphasigen Aktivitätsprofil. Der Aktivitätsschwerpunkt liegt dabei vor Mitternacht. Nach Mitternacht wird eine Ruhepause eingelegt, um in den späten Nachtstunden nochmals aktiv zu werden. Den Tag verbringen Zwergohreulen meist gut getarnt und reglos in einem gut gedeckten Unterstand. Zur Brutzeit ist der Unterschlupf des Männchens in Sichtweite des Nestes. Zwergohreulen sind überwiegend Einzelgänger, die auf dem Zug aber auch in lockeren Gruppen rasten können. Brutpaare können aber auch engeren Körperkontakt haben und ihre Bindung durch zärtliches Gefiederkraulen mit dem Schnabel festigen.

Etwa seit den 1960er Jahren sind die Bestände der Zwergohreule in Südeuropa stark zurückgegangen. In erster Linie können die Intensivierung der Landwirtschaft und erhöhte Insektizideinträge dafür verantwortlich gemacht werden.

Uhu *Bubo bubo*

Der Uhu ist die größte europäische Eulenart und in der Regel streng nachtaktiv. Nach langen Jahren legaler und illegaler Bejagung haben sich im Zuge verschärfter Naturschutzgesetze sowie Auswilderungsprojekten die Bestände des Uhus in Deutschland langsam erholt. Heutzutage brüten Uhus vielerorts in Deutschland und können sich an sehr unterschiedliche Brutplätze anpassen. So leben sie auch in größeren Städten und ernähren sich dort in erster Linie von Tauben und Ratten. An der Spitze der Nahrungspyramide fehlen dem Uhu natürliche Feinde.

KENNZEICHEN Länge 61–67 cm, Spannweite 157–168 cm, Gewicht 1800–4200 g. Unverkennbar durch Kombination aus imposanter Größe, bräunlichem Gefieder mit Längsfleckung, langen Federohren und orangeroten Augen. Uhus sind sehr kräftig gebaut, was vor allem im Sitzen auffällt und auch im englischen Namen „Eagle Owl" (= Adlereule) widergespiegelt wird. Der Kopf ist im Verhältnis zum Körper relativ groß. Je nach Laune eines Uhus sind die bis zu acht Zentimeter langen Federohren aufrecht aufgestellt oder auch unauffällig an den Kopf angelegt. Die Augen sind leuchtend orangerot. Das gesamte Körpergefieder des Uhus ist rostbraun mit dunklen Längs-

Uhuweibchen. Die „Federohren" vermitteln die Laune der Eule und dienen nicht dem Hören. Foto F. Heintzenberg

und Querflecken, was dem Vogel eine perfekte Tarnung gibt. Wie bei den meisten Eulen sind die Weibchen deutlich größer als die Männchen, was jedoch ohne einen direkten Vergleich oftmals nur mit Erfahrung zu sehen ist. **Flug** Uhus fliegen mit langsamen, kraftvoll rudernden und relativ flachen Flügelschlägen. Die Flügel sind adlerartig breit, jedoch nie so stark „gefingert". Im Gleitflug werden die Flügel gerade gehalten und erinnern an einen großen Bussard. Die Flügeloberseite ist auf Entfernung gesehen relativ einfarbig braun, zumindest ohne das für einen Bartkauz typische hellere Feld an der Basis der Handschwingen. Die Federohren sind im Flug angelegt und das

gesamte Kopfprofil wirkt enorm und nach vorne hin abgestumpft. Jungvögel im ersten Winterkleid sind den Altvögeln sehr ähnlich und im Feld nur mit viel Erfahrung zu bestimmen. Weibchen sind deutlich größer als Männchen. Ähnliche Arten sind in Skandinavien der Habichtskauz und der Bartkauz.

Uhus jagen im lautlosen Überraschungsflug. Die kräftigen Krallen können Tiere bis Fuchsgröße erbeuten. Foto H. Vollmer

VERBREITUNG UND LEBENSRAUM Uhus besiedeln einen Großteil Europas, fehlen jedoch auf den Britischen Inseln, im Nordwesten Frankreichs, im äußersten Norden Skandinaviens sowie auf den Mittelmeerinseln. Nach Bestandseinbrüchen durch Jagd und Aushorsten von Junguhus haben sich die Uhubestände in Deutschland während der letzten 30 Jahre wieder erholt. Diese Bestandserholung ist vor allem strengeren Naturschutzgesetzen, aber auch den Auswilderungsprojekten der Naturschützer zu verdanken. Solche Auswilderungsprojekte verlaufen jedoch nicht immer unproblematisch und können Konsequenzen für viele andere Vögel und Säugetiere haben. Uhus sind aufgrund ihrer Nachtaktivität vielen tagaktiven Vögeln überlegen und erbeuten eine Vielzahl anderer Vogelarten. Da Uhus häufig Nistplätze an Steilhängen besetzen, die auch von Wanderfalken bevorzugt werden, sind eine Reihe junger und alter Wanderfalken von Uhus erbeutet worden. Gelegentlich werden diese schlafend auf dem Horst überrascht. Auch ist bekannt, dass Habichte nur in Ausnahmefällen in einem Uhurevier brüten. Somit haben Auswilderungen von Uhus Auswirkungen auf viele andere auch seltene und

Den Tag verbringen Uhus gut versteckt in Baumkronen oder an Felswänden. Foto F. Heintzenberg

gefährdete Arten. Es ist jedoch davon auszugehen, dass die große Mehrzahl der Auswilderungsprojekte anderen gefährdeten Arten wenig schadet. Der deutsche Brutbestand wird auf rund 1800 Paare und der mitteleuropäische Bestand auf etwa 3300 Paare geschätzt. Die Hauptverbreitung des europäischen Bestandes liegt jedoch in Skandinavien mit über 2500 Paaren in Finnland, zwischen 1000 und 2000 Paaren in Norwegen und etwa 500 – 1000 Paaren in Schweden. Uhus leben in einer Vielzahl verschiedenster **Lebensräume**. Sowohl Waldgebiete mit Lichtungen, als auch felsige Gebirge bis hin zu Wüstengebieten dienen als Biotop. Der Uhu bevorzugt reich gegliederte Landschaften, die auch im Winter ein reiches Nahrungsangebot bieten. Auch die Nähe von Wasserstellen, Flüssen oder Seen wird gerne gesucht, da diese Biotope oftmals reichlich Nahrung bieten. Was den Anspruch an den Brutplatz betrifft, sind Uhus ausgesprochene Generalisten. Sie können eine Vielzahl unterschiedlicher Brutplätze annehmen und brüten in ungestörten und schwer zugänglichen Bereichen von Steilkanten, Steinbrüchen oder Kiesgruben, aber auch in alten Greifvogelhorsten, in alten, leerstehenden Gebäuden oder sogar auf Müllkippen. Je nach Auffassung gibt es von dieser Art weltweit etwa 16 – 26 **Unterarten**, die sowohl in der Größe als auch in der Färbung variieren. Nördliche Unterarten sind in der Regel größer und dunkler als südliche. In Europa leben u. a. folgende Unterarten: *B. b. bubo* in Mitteleuropa und *B. b. hispanicus* auf der Iberischen Halbinsel.

WISSENSWERTES Ausgewachsene Uhus sind sehr standorttreu und können das gleiche Revier über viele Jahre hinweg benutzen. Trotz ihrer gewaltigen Körpergröße und der kraftvollen und geschickten Jagdweise sind Uhus gegenüber ihren eigenen Artgenossen relativ tolerant und gelassen. Revierstreitigkeiten werden in erster Linie durch Gesangswettstreite ausgetragen. Nur im direkten Nistplatzbereich kommt es zu Aggressionen. Bei hoher Beutedichte können benachbarte Nistplätze auch nur wenige hundert Meter nebeneinander liegen. Die beiden Partner eines Brutpaares suchen während der

Brutzeit nur selten Körperkontakt. Sie ruhen an verschiedenen Tages-ruheplätzen und treffen nachts fast ausschließlich bei Beuteüber-gaben aufeinander.

Uhus vermeiden normalerweise jeden Kontakt mit dem Menschen und ergreifen in der Regel die Flucht. Falls ein Uhu in die Enge ge-trieben wird oder aus anderen Gründen nicht fliegend entkommen kann, nimmt er eine imposante Abwehrhaltung ein. Mit weit aufge-rissenen Augen wird das komplette Gefieder gesträubt. Dazu kommt, dass die Eule die Flügel in vorgebeugter Körperhaltung wie ein schild-artiges Rad halb aufschlägt und dabei wild faucht. Gelegentlich kön-nen die Körperfedern dabei auch vibrieren, was den Eindruck eines imposanten, schreckeinjagenden Ungeheuers noch verstärkt. Wie die meisten Tiere sind auch Uhus sehr mutig, wenn es darum geht, ihren Nachwuchs zu verteidigen. Direkt am Nistplatz können Uhus Menschen auch mit Hilfe von Krallen und Flügelschlagen aus der Luft angreifen, wenn ihre Jungen gefährdet sind.

Die **Brut**zeit beginnt wie bei vielen anderen Eulen im zeitigen Früh-jahr, gelegentlich unter recht winterlichen Bedingungen. Sie wird vom Männchen durch anhaltende Rufe eingeleitet. Außerhalb des Brutgebietes sind Uhus wenig stimmfreudig. Am ehesten wird man am Brutplatz durch die typischen, lauten, dumpfen, zweisilbigen „u-uuoooh"-Rufe auf einen Uhu aufmerksam. Diese Rufe haben auch der Art den Namen gegeben. Sowohl Männchen als auch Weibchen haben diesen Ruf, allerdings klingt der Ruf des Männchens etwas dunkler als der des Weibchens. Beide Partner können auch im Duett

Drohstellung eines Junguhus. Durch das ge-fächerte Flügel-rad erscheint die Eule weitaus größer als sie eigentlich ist. Foto W. Scher-zinger

singen. Am Brutplatz mit Jungen teilt das entfernt sitzende Männchen bei Anbruch der Dämmerung dem Weibchen den Beginn der Jagd mit. Uhus rufen häufig von erhöhten Sitzwarten, z. B. Felsvorsprüngen oder Baumwipfeln aus. Langjährig verpaarte Uhus können auch während der Balzzeit erstaunlich stumm sein. Unverpaarte Männchen hingegen können bis zu 600 Mal pro Nacht rufen. Häufig werden diese Rufe auch gereiht geäußert. Die Bebrütung des 2–3 Eier großen Geleges dauert etwa 34 Tage. Nach einer Nestlingszeit von 4–5 Wochen verlassen die Junguhus den Horstbereich, sind aber erst nach 10 Wochen voll flugfähig. Nach etwa 5 Monaten beherrschen sie die Jagdtechniken und werden im Freiland bis zu 27 Jahre alt.

Die **Nahrung** besteht zu einem Großteil aus Säugetieren bis Fuchsgröße sowie Vögeln, aber auch Amphibien, Reptilien oder gar Regenwürmern. In gewässernahen Gebieten werden auch Krebstiere oder Fische im Flachwasser oder in Gezeitenzonen erbeutet. Die Wahl der Nahrung ist je nach Lebensraum unterschiedlich. Den Großteil machen jedoch Mäuse und Ratten aus. Auch jahreszeitlich kann das Beutespektrum des Uhus variieren. Im Winter werden überwiegend Mäuse und Wühlmäuse erbeutet, während im Frühjahr und Herbst auch Igel, Hasen und Kaninchen oder andere Vogelarten wie Feldhühner und Greifvögel auf dem Speisezettel stehen. Uhus können bis zu drei Kilo schwere Beutestücke fliegend zum Horst bringen. Vor allem im Winter wird auch Aas angenommen.

MENSCH UND UHU Schon in der Antike ist der Uhu als Totenvogel gefürchtet worden. Er galt als böses Omen für Hunger, Tod und Verderben und wurde daher entsprechend verfolgt. Im Mittelalter wurden Uhus wie auch andere Eulen- und Greifvogelarten an Scheunentore genagelt, um den Tod zu vertreiben oder auch Blitzschlag zu verhindern. Dieser Aberglaube war tief in unserer Kultur verwurzelt. Heute lebt der alte Aberglaube nur noch selten fort, vor allem in manchen ländlichen Gegenden. Junguhus sind auch über viele Jahrzehnte hinweg zu Jagdzwecken für die sogenannte Hüttenjagd ausgehorstet und von Hand aufgezogen worden. Bei der Hüttenjagd wird ein wehrloser Uhu an einer Kette oder einer Schnur offen an einen Pfosten gebunden. Der Jäger ver-

Uhuporträt. Eulenaugen sind im Vergleich zu anderen Vogelarten übermäßig groß und durch einen inneren „Sklerotikalring" teleskopartig verlängert, um das Auge zu stützen und auch bei Dunkelheit noch sehen zu können. Foto F. Heintzenberg

steckt sich in einem Versteck, der „Hütte", in unmittelbarer Nähe.
Vor allem Krähenvögel, aber auch Greifvögel, die tagsüber einen
ruhenden Uhu entdecken, haben die Angewohnheit, auf diesen laut
rufend zu „hassen" und versuchen ihn zu vertreiben. Dieses Verhalten wurde bei der Hüttenjagd mit ausgewilderten Junguhus ausge-
nutzt. Die normalerweise sehr scheuen, jetzt aber wie hypnotisiert
herbeifliegenden Krähen- und Greifvögel wurden dabei vom Jäger
geschossen oder auf andere Art gefangen und getötet. Im Sommer
des Jahres 1914 bot eine Tierhandlung in Ulm ganze 83 Junguhus
zum Verkauf an, die in der Umgebung ausgehorstet worden waren.
Die Hüttenjagd mit lebenden Eulen ist inzwischen aus Tier- und
Naturschutzgründen verboten. Heute wird diese Lockjagd nur noch
gelegentlich und eingeschränkt auf Krähenvögel (Rabenkrähe, Elster,
Eichelhäher) mit künstlichen Hüttenuhus durchgeführt. Dabei werden Uhuattrappen aus Kunststoff verwendet, die teilweise mit echten
Federn versehen werden und auch einen Bewegungsmechanismus
haben können.
Moderne Naturschutzarbeit versucht seit vielen Jahren das Schicksal
des Uhus zu wenden. Jedoch wurden erst im Laufe der 1960er Jahre
die Schutzmaßnahmen für den Uhu verschärft. Zu dieser Zeit gab es
nur noch etwa 40 Brutpaare in ganz Deutschland. Aus heutiger Sicht
verwundert die jahrhundertelange Verfolgung unserer größten
Eulenart, die nur um Haaresbreite dem Aberglauben des Menschen
und den Jagdpraktiken der Jäger zum Opfer gefallen wäre.

Uhus jagen gerne
in Gewässernähe,
da dort das
Beuteangebot
entsprechend
groß ist. Foto
D. Nill

Schnee-Eule *Nyctea scandiaca*

Die Schnee-Eule lebt nomadisch in der arktischen Tundra in Nordeuropa, Nordamerika und Nordasien. Anhand des weißen Gefieders, der imposanten, fast uhugroßen Gestalt und der großen, goldgelben Augen ist sie leicht zu erkennen. Sie ist die einzige europäische Eule, bei der Männchen und Weibchen deutlich verschieden gefärbt sind. Nur selten verlassen Schnee-Eulen ihre arktischen Brutgebiete und dringen nach Mitteleuropa vor. Einzelne Individuen können jedoch in Jahren mit Nahrungsmangel weit über 1000 Kilometer nach Süden ziehen. Häufig handelt es sich dabei um Jungvögel, die in Deutschland dann in erster Linie, jedoch nicht alljährlich, im Bereich der Nordseeküste auftreten.

KENNZEICHEN Länge 55–66 cm, Spannweite 145–157 cm, Gewicht 1600–2700 g. Eine fast uhugroße Eule mit relativ kleinem Kopf, langen Flügeln und kurzem Schwanz. Das Gefieder ist weiß und kann, je nach Geschlecht und Alter, eine dunkelgraue Bänderung und Fleckung aufweisen. Ältere Männchen können rein weiß sein, Weibchen und Jungvögel sind in der Regel gebändert. Die Augen sind auffallend goldgelb, der Schnabel ist schwarz und größtenteils unter dichten, weißen Federn verdeckt. Auch die Füße sind dicht befiedert. Diese „Schneeschuhe" stellen eine typische Anpassung an das Leben in arktischen Gebieten dar und erleichtern der Eule, auf Schnee zu laufen, ohne einzusinken. Im **Sitzen** ist die Eule durch die Kombination der beeindruckenden Größe und des weißen Gefieders und der gelben

Warnendes Schnee-Eulen-Männchen. Foto K. Wothe

Augen unverkennbar. Die Federohren sind nur rudimentär vorhanden und kaum erkennbar. Fast ausnahmslos sitzen Schnee-Eulen in Bodennähe, entweder direkt auf dem Boden oder leicht erhöht auf Steinen oder Pfählen. **Flug** Schnee-Eulen fliegen oft nur wenige Meter flach über dem Boden. Wie die meisten Eulenarten fliegen sie langsam, mit rudernden Flügelschlägen. Der Armflügel ist im Vergleich zu anderen Eulenarten dabei proportional etwas kürzer als der Handflügel. Schnee-Eulen wirken im Flug aufgrund der Größe recht behäbig und nur wenig elegant, sie können bei der Jagd jedoch erstaunlich wendig sein.

Männchen im ersten Winterkleid ähneln einem adulten Weibchen, sind jedoch dunkler gefärbt mit dicht gebändertem Rückengefieder und grau melierten Schirmfedern. **Weibchen im ersten Winterkleid** sind ebenfalls einem adulten Weibchen sehr ähnlich, jedoch ist die Querbänderung auf Brust und Rücken ausgedehnter und dichter. Auf größere Entfernung fällt bei jungen Weibchen ein relativ starker Kontrast zwischen dem weißen Kopf und dem grauen Scheitel und grauen Körpergefieder auf. **Adulte Männchen** sind im Gefieder fast reinweiß, mit zunehmenden Alter komplett weiß oder nur mit einzelnen dunkleren Flecken. **Adulte Weibchen** sind ober- und unterseits weißlich mit deutlicher Querbänderung. Schirmfedern weiß mit dunklen Querbinden. **Ähnliche Arten** Gelegentlich vorkommende fast oder komplett weiße Mäusebussarde stellen ein Verwechselungsrisiko dar. Bussarde haben jedoch einen deutlich kleineren Kopf, kürzere und breitere Flügel und nie gelbe Augen. Diese Merkmale können jedoch im Flug auf größere Entfernung nur schwer einzuschätzen sein.

VERBREITUNG UND LEBENSRAUM Die Schnee-Eule brütet zirkumpolar. In Europa besiedelt sie Nordeuropa, vor allem Norwegen und in guten Lemmingjahren auch Nordschweden sowie in Ausnahmefällen auch Nordfinnland.
Die europäischen Bestände unterliegen drastischen Schwankungen. Generell haben die arktischen Bestände während der letzten 100 Jahre in Europa abgenommen. Die Ursachen hierfür sind unklar, können jedoch mit Klimaänderungen und zunehmenden menschlichen Aktivitäten in den Brutgebieten zusammenhängen. In Norwegen ist die Schnee-Eule ein relativ seltener Brutvogel mit stark

Schnee-Eulen-Männchen im Flug. Männchen sind schwächer gefleckt als Weibchen. Foto K. Wothe

variierenden Brutbeständen. Aus den Jahren 1968 bis 2005 sind aus Norwegen 105 Bruten bekannt, wobei die Anzahl pro Jahr zwischen 0 und 20 Paaren variierte. Im schwedischen und finnischen Lappland brüten normalerweise keine, bisweilen nur einzelne Paare, vor allem in guten Lemmingjahren. Im Ausnahmejahr 2011 brüteten in Norwegen 42 Paare, in Finnland 10 Paare und in Schweden 2 Paare. **Lebensraum** Arktische Tundra. Schnee-Eulen bevorzugen den flachen, offenen, wald- und buschfreien Lebensraum mit erhöhten Punkten, wie z. B. Felsblöcken, die als Sitzwarten dienen. Sowohl Inlandsfjäll als auch küstennahe Fjällgebiete, z. B. entlang der Eismeerküste werden gerne angenommen. Allzu steile, bergige Regionen werden gemieden. Als Brutplätze dienen oftmals erhöhte Stellen in der offenen Landschaft, die durch die Frühjahrssonne frühzeitig schneefrei werden. Außer der Nominatform *Nyctea s. scandiaca* sind keine **Unterarten** bekannt.

WISSENSWERTES Aufgrund der langen, hellen Sommernacht in den Brutgebieten der Schnee-Eule nördlich des Polarkreises ist die Art sowohl tag- als auch nachtaktiv. Die Jagdzeiten verteilen sich jedoch hauptsächlich auf die Stunden zwischen 23 Uhr und 6 Uhr morgens und folgen dem Aktivitätsmuster der Beutetiere. Paare, die Junge im Nest zu versorgen haben, können auch tagsüber auf Beutejagd sein. Die Beute wird häufig von einem Ansitz aus erspäht und am Boden geschlagen. Dabei werden die kräftigen Krallen in den Körper der Beute gedrückt. Danach wird sie durch einen kräftigen Biss in den Nacken oder Kopf getötet. Vögel können auch im Flug geschlagen werden. Dabei kann sich die Schnee-Eule im Flug geschickt auf den Rücken drehen und die Beute mit den Krallen von unten schlagen.

Außerhalb der Brutsaison sind Schnee-Eulen Einzelgänger, können in strengen Wintern aber auch in kleineren Gruppen zusammenhalten. Während der Brutperiode wird das Revier gegen andere Männchen und Fressfeinde wie zum Beispiel Eisfüchse rigoros verteidigt. Konflikte mit Artgenossen werden oft-

Wenige Wochen alte Schnee-Eule. Foto W. Scherzinger

mals in der Luft ausgetragen. Dabei können sich die Eulen mit den Füßen inei-
nander verkrallen und zu Boden taumeln.
Verletzungen treten dabei nur in Ausnahmefällen auf. In der Regel reicht es
aus, wenn ein Männchen demonstrativ
auf einer erhöhten Sitzwarte sitzt und
dadurch sein Revier markiert.

Brut Während der lang andauernden
Balz versucht das Männchen das Weibchen mit Flugvorführungen zu beeindrucken. Später geht die Balz der beiden
Partner in eine gemeinsame Bodenbalz
über, in der auch mögliche Nistplätze
von Männchen und Weibchen gemeinsam untersucht werden. Häufig werden
auch Beutetiere an geeigneten Nistplätzen abgelegt. Das Nest besteht aus

Weibchen und
Jungvögel der
Schnee-Eule sind
stärker gebän-
dert als die fast
weißen adulten
Männchen. Foto
F. Heintzenberg

einer einfachen, flachen Mulde, die von Moosen, Flechten, Steinen
und Pflanzen befreit wird. Es wird in erster Linie vom Weibchen er-
richtet. Während das Weibchen alleine für die Brut verantwortlich ist,
wird es vom Männchen mit Beute versorgt. Nach dem Schlüpfen der
Jungen jagt auch das Weibchen. Brutbeginn ist in der Regel Mitte bis
Ende Mai. Die Brut dauert nur 32–34 Tage. Die Nestlingszeit bis zum
Flüggewerden beträgt etwa neun Wochen.
In guten Lemmingjahren besteht die **Nahrung** der Schnee-Eule überwiegend aus Lemmingen. Da in manchen Jahren auf der Tundra
Lemminge fast komplett ausbleiben, jagen Schnee-Eulen aber auch
andere Beutetiere, z. B. Schneehühner. In küstennahen Gebieten
werden auch Dreizehenmöwen und andere Seevögel gejagt, die in
ihren Brutkolonien erbeutet werden. So wird die norwegische Drei-
zehenmöwenkolonie auf der Halbinsel Ekkerøya im Eismeer am
Varangerfjord regelmäßig von Schnee-Eulen besucht, die mehrere
Kilometer entfernt auf dem küstennahen Fjäll brüten.
Rufe Außerhalb der Brutsaison sind Schnee-Eulen nur wenig ruffreudig. Am Brutplatz markiert das Männchen mit lauten, einige Kilometer weit hörbaren Rufen das Revier. Die Rufe sind eine Reihe mono-
toner, bellender „chruuh"-Silben, die 2–6-mal, in Ausnahmefällen bis
über 20 Mal wiederholt werden. Auch das Weibchen kann ähnliche
Rufe äußern. Diese sind jedoch leiser und rauer. Am Brutplatz haben
sowohl Alt- als auch Jungvögel eine Reihe verschiedener Rufe.

Waldkauz *Strix aluco*

Der Waldkauz ist neben der Waldohreule die häufigste Eule Deutschlands. Er brütet dem Namen gemäß in Laub- und Mischwäldern, aber auch in Parks, Alleen und gelegentlich auch in alten Scheunen. Waldkäuze sind sehr anpassungsfähig und brüten sowohl in Baumhöhlen, alten Gebäuden oder Nistkästen. Im Winter kann die Nahrung bei Mäusemangel auf Kleinvögel umgestellt werden, was der Art das Überleben der kalten Jahreszeit sichert. Als zeitiger Frühjahrsbote sind bereits im Spätwinter nachts die typischen Rufe zu hören, die zu den bekanntesten Eulenrufen gehören.

KENNZEICHEN Länge 37–43 cm, Spannweite 81–96 cm, Gewicht 330–660 g. Der Waldkauz ist eine mittelgroße Eulenart, die sehr kompakt und kräftig gebaut ist. So sind Körper und Kopf wesentlich korpulenter als der einer Waldohreule oder einer Schleiereule. Er besitzt einen proportional sehr großen Kopf ohne Federohren. Das Gefieder ist rindenartig grau-braun getarnt und weist eine dunkle Längsstrichelung und Fleckung auf. Der dunkel umrandete Gesichtsschleier ist relativ einfarbig beigebraun. Aufgrund des großen Kopfes und der beiden weißlichen Striche oberhalb des Gesichtsschleiers, die wie zwei Augenbrauen wirken, macht der Kauz einen freundlichen Eindruck. Die Augen sind schwarz, der Schnabel gelblich orange. Unter den Waldkäuzen gibt es verschiedene Farbvarianten, die von einer grauen Morphe über eine braune bis hin zu einer rostbraunen Morphe führen. Diese Grundfärbungen sind nicht vom Alter oder Geschlecht abhängig, sondern stellen evolutionäre Anpassungen an verschiedene Lebensräume dar. Verschiedene Morphen kommen oftmals im gleichen Gebiet vor und brüten auch miteinander. Die Flugweise dieser Eule ist schnell und geradlinig. Dabei fallen die im Vergleich zu verwandten Arten recht kurzen und sehr runden Flügel auf, die ein schnelles Manövrieren im dichten Wald erlauben.

Wo durch die moderne Forstwirtschaft bedingt natürliche Höhlen fehlen, nehmen Waldkäuze gerne Nistkästen als Brutplatz an. Foto F. Heintzenberg

Der Waldkauz fliegt mit schnellen Flügelschlägen, die von längeren Gleitphasen unterbrochen sind. Beide Geschlechter sind im Feld nicht voneinander zu unterscheiden. Ab der Herbstmauser kann man auch die Jungvögel nicht mehr von den Altvögeln unterscheiden. **Ähnliche Arten** sind Habichtskauz und Waldohreule.

VERBREITUNG UND LEBENSRAUM Der Gesamtbestand Mitteleuropas wird auf etwa 198 000 Brutpaare geschätzt. In vielen Bereichen fehlen jedoch flächendeckende Bestandsuntersuchungen. Vermutlich sind die Bestände während der vergangenen drei Jahrzehnte stabil geblieben. Die Kernbereiche des europäischen Vorkommens liegen in Frankreich (100 000 Paare), Spanien (53 000 Paare), Russland (100 000 Paare) und Polen (70 000 Paare). Auch in Deutschland ist ein großer Teil der europäischen Population zu finden. Der gesamte deutsche Brutbestand wird auf etwa 73 000 Paare geschätzt.

Waldkauz der grauen Morphe am Tagesrastplatz. Eulen ruhen häufig in direkter Nähe eines Baumstammes. Foto Reinhard-Tierfoto

Ein junger Wald-
kauz empfängt
den Altvogel bei
der Beuteüber-
gabe am Nest.
Foto D. Hopf

Waldkäuze bevorzugen Laub- und Mischwälder mit alten Bäumen,
die ihnen Höhlen als Brutplatz bieten. Reine Nadelwälder werden
oftmals gemieden. Der Kauz ist jedoch in der Wahl des Brutbiotops
nicht sehr wählerisch und besiedelt auch gerne Stadtparks und ältere
Gärten, die ihm einen höhlenreichen Baumbestand bieten. Solange
er ungestört ist, kann er auch in direkter Nähe zum Menschen leben.
So kommen regelmäßig Bruten in alten Scheunen oder in Schornsteinen alter Häuser vor. In den baumarmen Dünengebieten an Hol-
lands Küste brütet er sogar in Kaninchenhöhlen. Weltweit sind elf
verschiedene **Unterarten** des Waldkauzes beschrieben worden. In
Mitteleuropa brütet die Nominatform *S. a. aluco*. Auf den Britischen
Inseln, in Frankreich und auf der Iberischen Halbinsel kommt die
Unterart *S. a. sylvatica* vor.

WISSENSWERTES Waldkäuze sind in ihrer Beutewahl nicht spezialisiert. In guten Mäusejahren besteht die **Nahrung** zu einem Großteil
aus Mäusen, Wühlmäusen und anderen Kleinsäugern, die bis zu 75 %
des Beutespektrums ausmachen können. Dabei kann die Eule Beutetiere bis zu ihrem eigenen Körpergewicht erbeuten, beispielsweise
Kaninchen und Eichhörnchen, die mit den messerscharfen Krallen
gepackt und durch einen Biss getötet werden. Vögel machen etwa
15 % der Nahrung aus. Darunter sind überwiegend Singvögel wie z. B.
Sperlinge und Finken zu finden, aber auch Häher, Tauben und Elstern.

Höhlenbrüter können geschickt mit Hilfe der langen Beine aus den Bruthöhlen geangelt werden. Ein kleinerer Anteil der Beute besteht aus Amphibien, Regenwürmern und größeren Insekten. Regenwürmer werden überwiegend akustisch geortet, wobei der Kauz bis zu zehn Minuten lang völlig reglos verharren kann. Wenn die Würmer nachts ihre Gänge verlassen, werden sie mit dem Schnabel gepackt und mit großem Geschick aus ihren Löchern gezogen. In harten Wintern wird auch Aas angenommen. Gefrorene Kadaver müssen jedoch erst mit Hilfe der eigenen Körperwärme angetaut werden. **Rufe** Der klassische Balzruf gehört zu den bekanntesten Eulenrufen Deutschlands. Das laute, heulende, jedoch wohlklingende „Huuuuh-hu-huhuhuhuuuuuuh" ist ab Januar nachts in geeigneten Biotopen zu hören. Der Ruf folgt einer arttypischen Rhythmik. Nach der ersten Silbe wird eine 1–4 Sekunden lange Pause eingelegt. Die zweite Silbe ist ein kurzes Stakkato, gefolgt von der dritten, tremoloähnlichen Schlusssilbe, die rasch verebbt. Weibchen rufen ähnlich, jedoch rauer und klagender. Der Alarmruf des Waldkauzes ist ein kurzes, einsilbiges „uett", der Bettelruf der Jungvögel ein zischendes „psi-iip".

Waldkäuze sind ausgeprägte Standvögel, die ihr Revier auch im Winter nicht verlassen. Nur die Jungvögel wandern nach dem Flüggewerden in verschiedene Richtungen ab (Dispersion) und siedeln sich oftmals nur unweit des Elternreviers an. Aufgrund ihrer Standorttreue kennen die Eulen ihr Revier und die dortigen Nahrungsverhältnisse

Normalerweise sind Waldkäuze Höhlenbrüter. Nur selten nehmen sie auch alte Krähennester als Brutplatz an. Foto Z. Kalotas

Wühlmäuse ge-
hören zur Haupt-
nahrung des
Waldkauzes.
Foto K. H. Löhr

sehr genau, was es ihnen erleichtert, auch harte Winter zu überleben.
Kenntnisse über Nahrungsquellen im Revier sowie geeignete Unter-
stände werden von den Altvögeln an die Jungvögel übermittelt. Die
Standorttreue des Waldkauzes erklärt auch die strenge monogame
Lebensweise dieser Eule. Paare können über viele Jahre hinweg am
gleichen Brutplatz brüten und wechseln den Partner erst, wenn einer
der beiden Vögel ums Leben gekommen ist. In manchen Gebieten
können diese Paarbindungen über 15 Jahre andauern. Das Höchstalter eines beringten Waldkauzes wurde in freier Natur mit 19 Jahren
festgestellt und ist damit im Vergleich zu anderen Eulenarten relativ
hoch. Volierenvögel können bis zu 27 Jahre alt werden.

Die Geschlechtsreife der Jungvögel wird bereits im ersten Lebensjahr
erreicht. Im Herbst fällt dies mit der Herbstbalz der Altvögel zusammen, wobei auch die Jungen aus dem heimischen Revier vertrieben
werden. Zu dieser Zeit können Waldkäuze auch tagsüber rufen. Win-
terbruten sind selten, in Ausnahmefällen können Waldkäuze aber
bereits ab November brüten. Normalerweise findet die **Brut** jedoch
im zeitigen Frühjahr statt. Das Männchen balzt ab etwa Mitte Januar
mit lauten Gesängen. Langjährig verpaarte Waldkauzpaare sind normalerweise weniger ruffreudig als frisch verpaarte. Der Nistplatz

wird vom Weibchen bestimmt und befindet sich in der Regel in einer Baumhöhle und in selteneren Fällen in alten Krähen- oder Greifvogelhorsten. In Ausnahmefällen finden auch Bodenbruten statt. Wie die meisten Eulenarten tragen auch Waldkäuze kein eigenes Nistmaterial in die Bruthöhle, sondern legen die 1–7 Eier direkt auf den Boden der Höhle, die von Mull bedeckt ist. Die Eier werden in einem Abstand von 2–3 Tagen gelegt und häufig erst ab dem 2. oder 3. Ei bebrütet. Während das Weibchen für die Brut alleine verantwortlich ist, versorgt es das Männchen mit Nahrung. In der Regel rastet das Männchen in Sichtweite zum Brutbaum, um auf Störungen rasch reagieren zu können. Männchen und Weibchen treffen zu dieser Zeit jedoch nur bei Beuteübergaben und bei Brutpausen aufeinander. Nach einer Brutzeit von 28–29 Tagen schlüpfen die Jungen, die gerade mal 28 Gramm wiegen und während der ersten neun Lebenstage noch völlig blind sind. Im Alter von etwa 30–32 Tagen verlassen sie als Ästlinge die Bruthöhle. Sie sind im Geäst der umliegenden Bäume gut getarnt und werden noch bis etwa zum 100. Lebenstag von den Eltern mit Nahrung versorgt. Besonders im Ästlingsstadium können die Jungen von den Altvögeln rigoros verteidigt werden, auch gegen Menschen, die den Jungen zu nahe kommen. Im Allgemeinen ähnelt diese Taktik der des wesentlich größeren, aber in Aussehen und Lebensweise sehr ähnlichen Habichtskauzes. Störenfriede werden oftmals ohne Vorwarnung in der Regel von hinten im Direktflug attackiert. Mit Flügeln und Krallen streift der Kauz dabei den Kopf- und Schulterbereich und kann so blutende Fleischwunden verursachen. In solchen Fällen ist es ratsam, den unmittelbaren Ästlingsbereich sofort zu verlassen und dabei die Altvögel genau im Auge zu behalten. Aus Großbritannien ist auch ein Fall bekannt, wo ein Naturfotograf beim Angriff eines Waldkauzes ein Auge verloren hat.

Man kann die Ansiedlung des Waldkauzes mit Hilfe von Nistkästen unterstützen. Dabei sollte jedoch darauf geachtet werden, dass nicht eventuelle Bestände von Schleiereule, Waldohreule, Raufuß- oder Sperlingskauz betroffen sind. Da diese Arten in der Regel schwächer sind als der Waldkauz, sind sie oftmals dazu gezwungen, das Revier zu wechseln, sobald sich Waldkäuze ansiedeln, um nicht Konkurrenz oder direkter Verfolgung ausgesetzt zu werden. Waldkauz-Nistkästen haben eine Bodenfläche von mindestens 22 x 22 cm, eine Höhe von 40 cm und ein Einflugloch mit einem Durchmesser von etwa 12 cm. Als Material sollte man chemisch unbehandeltes Holz benutzen. Der Nistkasten wird mit einer mehrere Zentimeter dicken Bodenschicht aus Sägespänen gefüllt.

Habichtskauz *Strix uralensis*

Habichtskäuze sind Brutvögel der nordischen Taigawälder. Es gibt im südöstlichen Mitteleuropa jedoch ein paar reliktartige Inselvorkommen und seit 1975 auch ein Wiederansiedlungsprojekt im Bayerischen Wald. Ihren deutschen Namen hat diese Eule durch die Gefiederzeichnung, die relativ runden Flügel und den langen Schwanz bekommen, was einem Junghabicht nicht unähnlich ist. Am Brutplatz verteidigen Habichtskäuze auch dem Menschen gegenüber aktiv ihre Jungen. Es ist daher äußerste Vorsicht geboten, wenn man sich einem Brutplatz oder Jungvögeln nähert. Die scharfen Krallen können zu Verletzungen führen. Dieses aggressive Verteidigungsverhalten hat der Art den schwedischen Namen „Slaguggla" (= Schlag-Eule) gegeben.

KENNZEICHEN Länge 54–61 cm, Spannweite 115–125 cm, Gewicht 540–1200 g. Der Habichtskauz gehört neben Uhu, Bartkauz und Schnee-Eule zu den großen Eulenarten Europas. Er ähnelt im Aussehen einer großen Variante eines Waldkauzes, ist jedoch etwa 30 % größer und schwerer, hat einen längeren Schwanz und ist kontrastreicher gefärbt. Ober- und unterseits zeichnen dunkle Längsstreifen das Gefieder auf grauem Grund. Ein grauer Gesichtsschleier mit feiner Radialstrichelung und perlenartiger Umrahmung kennzeichnet das Gesicht. Die Augen sind wie beim Waldkauz dunkel. Der Schnabel ist hell orangegelb. Beide **Geschlechter** unterscheiden sich im Feld in Gewicht und Größe. Während die Weibchen im Schnitt 960 g wiegen, sind die Männchen mit einem Durchschnittsgewicht von 660 g deutlich leichter. Ohne einen direkten Größenvergleich beider Geschlechter ist jedoch eine Geschlechtsbestimmung nur mit Erfahrung zu empfehlen. Die Jungvögel sind nach dem Vermausern des Jugendkleides im Freiland nicht mehr sicher von den Altvögeln zu unterscheiden. **Ähnliche Arten** sind Bartkauz und Waldkauz.

VERBREITUNG UND LEBENSRAUM Das kleine deutsche Vorkommen ist ein Ergebnis eines 1975 gestarteten Wiederansiedlungsprojekts im Nationalpark Bayerischer Wald. Dort war die Art vor allem aufgrund von Bejagung seit 1925/26 ausgestorben. Im Zuge des Auswilderungsprojektes kam es 1989 zu der ersten Brut. Im Jahre 1996 brüteten dort bereits sechs Paare mit insgesamt 14 Ästlingen. Insgesamt wurden dort mehr als 250 gezüchtete Habichtskäuze ausgewildert,

Habichtskauz am
natürlichen Brut-
platz in einem
ausgehöhlten
Baumstamm.
Foto R. Siegel

und es bleibt zu hoffen, dass der Lebensraum einen stabilen Bestand tragen kann. Die gesamte mitteleuropäische Population von Polen, der Slowakei, Ungarn, Österreich, Deutschland, Tschechien und Kroatien wird auf etwa 2700 Brutpaare geschätzt. Als **Lebensraum** bevorzugen Skandinaviens und Westrusslands Habichtskäuze die nordischen Nadelwälder und Nadel-Mischwälder. Dort brütet der Kauz normalerweise in ausgefaulten, abgebrochenen Bäumen, die durch die moderne Kahlschlagsforstwirtschaft jedoch kaum noch zu finden sind. Ein Großteil der skandinavischen Wälder ist in den letzten Jahrzehnten abgeholzt worden. Die dort neu gepflanzten Monokulturen sind als Brutplatz für Habichtskäuze und andere Greifvogel und Eulenarten nicht geeignet, da sie zu jung sind, um größere Nester tragen zu können. In diesen Gebieten können Nistkästen Abhilfe schaffen, die gerne angenommen werden. Durch die Forstwirtschaft entstandene Lichtungsbereiche erleichtern die Beutejagd im Wald

Aufgrund der modernen Forstwirtschaft sind in Skandinavien natürliche Hochstubben für die Brut des Habichtskauzes selten geworden. Foto H. Hautala

und können langfristig die Bestandsentwicklung begünstigen. Die mitteleuropäischen Unterarten des Habichtskauzes leben überwiegend in alten Rotbuchenbeständen, die von freien Flächen und Fließgewässern durchzogen sind. Dort nutzen sie gerne alte Greifvogelnester als Brutplatz. Allgemein sind die Bestände des Habichtskauzes nur schwer zu kartieren, da viele Paare auch während der Balzzeit relativ stumm sind. Das europäische Hauptvorkommen liegt eindeutig in Skandinavien und im europäischen Teil Russlands. Während aus Russland keine Zahlen vorliegen, schätzt man die schwedischen und die finnischen Bestände auf je 4000 Paare. In Estland gibt es Schätzungen zufolge etwa 2500 Paare, in Lettland 2000, in Weißrussland 1200 und in Rumänien 1000.

Weltweit gibt es etwa zehn verschiedene **Unterarten**. In Europa unterscheidet man drei verschiedene Unterarten. In Nordeuropa, Skandinavien und Russland brütet die Unterart *S. u. liturata*. Die mitteleuropäische Unterart, die vermutlich seit Ende der Eiszeit von der nördlichen getrennt lebt, wird als *S. u. macroura* bezeichnet und hat einen deutlich längeren Schwanz als die nordische Unterart. Neben der überwiegend grauen Farbmorphe gibt es in den Karpaten eine dunkelbraune Variante, *S. u. carpathica*.

WISSENSWERTES Im Frühjahr balzt das Männchen mit dumpf gurrenden „wo-ho … woho uhwo-ho"-Rufen, die aus insgesamt sieben Silben bestehen. Nach den beiden ersten Silben erfolgt eine ca. 4 Sekunden lange Pause. Daraufhin folgen zwei und danach drei weitere Silben. Die Rufe sind bis zu zwei Kilometer weit hörbar. Das Weibchen ruft krächzend rau ein zweisilbiges „Kri-ef", ähnlich einem Graureiher. **Brut** Habichtskäuze brüten im Vergleich zum im gleichen Lebensraum vorkommenden Bartkauz in Skandinavien ungewöhnlich früh. Der Legebeginn fällt auf Mitte Februar bis Ende April, oftmals zu noch sehr winterlichen Verhältnissen. Die zumeist 3–4 Eier werden in Abständen von 2–3 Tagen gelegt und vom Weibchen alleine bebrütet. Nach einer Brutdauer von 28 Tagen schlüpfen die Jungen, die im Alter von gut drei Wochen als Ästlinge den unmittelbaren Nestbereich verlassen. Ohne dass sie fliegen können, klettern sie flatternd geschickt auf umliegende Bäume, um in sichere Höhen zu gelangen. Im Alter von etwa fünf Wochen werden erste erfolgreiche Flugversuche gemacht. Im Alter von etwa drei Monaten werden die Geschwister zu Einzelgängern und entfernen sich sowohl voneinander als auch von ihren Eltern.

Habichtskäuze jagen in erster Linie von Sitzwarten aus, die alle paar Minuten gewechselt werden. Die Beutetiere werden mit Wucht am Boden geschlagen und durch einen kräftigen Nackenbiss getötet. Genauso kraftvoll wie während der Jagd verteidigen Habichtskäuze ihre Jungen. Vor allem im Ästlingsstadium ist das Habichtskauzweibchen bereit, große Risiken einzugehen, um den Nachwuchs zu schützen. Angriffe erfolgen in der Regel lautlos von hinten und ohne Vorwarnung. Dabei streifen oder greifen die Krallen den Kopf oder Schulterbereich des Eindringlings, was blutende Wunden hinterlassen kann. Der Kauz macht dabei keinen Unterschied, ob der Störenfried ein Jogger, Jäger, Reh oder Hund ist. Es ist daher in Nestnähe äußerste Vorsicht geboten. Am besten verlässt man den Nestbereich unmittelbar und hält vor allem die beiden Altvögel im Auge.

Nahrung Das Beutespektrum des Habichtskauzes besteht zu etwa 75 % aus Mäusen, Wühlmäusen und Spitzmäusen. Diese werden in erster Linie akustisch geortet und können auch durch eine 20–30 cm dicke Schneedecke hindurch gegriffen werden. Neben Kleinnagern stehen auch Vögel bis Hähergröße und in selteneren Fällen auch Eidechsen, Frösche, Fische und Insekten auf dem Speiseplan des Habichtskauzes. Auch Aas wird vor allem in Zeiten von Nahrungsmangel angenommen.

Junger Habichtskauz am Nistkasten. In Nordschweden brütet ein Großteil der Habichtskauzpopulation in Nistkästen, da natürliche Höhlen fehlen. Foto W. Scherzinger

Bartkauz *Strix nebulosa*

Gelegentlich in der Literatur als „Vagabund der Taiga" beschrieben, ist der Bartkauz eine der eindrucksvollsten und schönsten nordischen Eulenarten. Der charismatische Eindruck dieser Eule beruht auf dem unverhältnismäßig großen Kopf sowie auf dem Kontrast aus grau-schwarzen gebänderten konzentrischen Gesichtsringen mit den kleinen stechenden gelben Augen. Der deutsche Name „Bartkauz" weist auf den schwarzen Kinnstreif des Vogels unterhalb des Schnabels hin. In Skandinavien wird diese Eule aufgrund ihres nordischen Vorkommens „Lapplandeule" genannt. Die Bartkauzbestände sind durch die moderne Forstwirtschaft bedroht, die nur in Ausnahmefällen Altholzbestände mit geeigneten Brutbäumen stehen lässt.

KENNZEICHEN Länge 62–70 cm, Spannweite 140–150 cm, Gewicht 500–1000 g. Unverkennbar. Eine fast uhugroße, überwiegend grau gefärbte Eule mit relativ großem Kopf und konzentrischen „Jahresringen" im Gesicht. Diese Ringe haben jedoch nichts mit dem Alter des Vogels zu tun. Federohren fehlen. Im Gesicht fallen zwei halbmondförmige weiße Augenklammern zwischen Augen und Schnabel auf. Trotz seiner Größe wiegt der Bartkauz gerade mal halb so viel wie ein Uhu. Der Vogel besteht nämlich überwiegend aus einem sehr dichten Federkleid und hat einen verhältnismäßig kleinen Körper. Die dichten Federn schützen sowohl gegen Kälte als auch gegen Stechmücken. **Sitzend** Unverkennbar durch die Größe, den kalt grauen Gesamteindruck sowie die Kombination aus großem Kopf mit ringförmiger Gesichtszeichnung, weißen Augenklammern und gelben Augen. Die dicht befiederten Füße verschwinden bei sitzenden Vögeln fast vollständig im Bauchgefieder. Bartkäuze sitzen oftmals leicht exponiert entlang von Waldrändern, Waldwegen, Lichtungen, aber auch in unmittelbarer Nähe von stark befahrenen Straßen. Besonders im Winter fallen viele Bartkäuze dem Verkehr zum Opfer. **Im Flug** Wie viele andere waldlebende Vogelarten hat auch der Bartkauz relativ kurze, runde Flügel und einen verhältnismäßig langen Schwanz. Diese Kombination ermöglicht ein schnelles Manövrieren zwischen Bäumen und garantiert ein sicheres Jagen im Wald. Die Basis der Handschwingen ist oberseits aufgehellt und bildet einen deutlich sichtbaren hellen Fleck auf dem Oberflügel. Die kleine Körpergröße im Verhältnis zu den relativ großen Flügeln ermöglicht eine

langsame Flugweise mit sehr langsamen, wenig ausholenden Flügelschlägen, die regelmäßig von Gleitstrecken unterbrochen werden.
Beim Jagen rüttelt der Bartkauz regelmäßig über der Beute in Bodennähe. Im Ästlingsstadium sind **Jungvögel** leicht anhand von Resten
des Dunengefieders von den Altvögeln zu unterscheiden. Nach dem
Flüggewerden ist die Altersbestimmung im Feld anhand von Gefieder-
merkmalen nicht mehr sicher möglich.
Beide Geschlechter sind gleich gefärbt. Die **Weibchen** sind etwas
größer als die **Männchen**, was jedoch ohne einen direkten Größenvergleich oftmals schwer zu beurteilen ist. **Ähnliche Arten** sind Uhu
und Habichtskauz. Uhus unterscheiden sich durch ein dunkleres,
bräunliches Gefieder, deutliche Federohren und orangefarbene
Augen. Habichtskäuzen fehlen der deutliche Gesichtsschleier, die
gelben Augen und die weißen Augenklammern.

VERBREITUNG UND LEBENSRAUM Der nordeuropäische Bestand
ist stark von den nordischen Mäusevorkommen abhängig. Das skandinavische Hauptverbreitungsgebiet liegt in Nordschweden, in den

Bartkauzweib-
chen. Wie bei fast
allen Eulenarten
sind die Weib-
chen deutlich
größer als die
Männchen. Foto
F. Heintzenberg

Links: Bartkauz-
männchen mit
Beute. Nach dem
Schlüpfen der
Jungen jagt zu-
nächst nur das
Männchen und
übergibt die
Beute am Nest.
Foto F. Heintzen-
berg

Rechts: Bartkauz-
männchen. Der
Vogel ist nach
erfolgreicher
Mäusejagd er-
schöpft und lässt
die Flügel hän-
gen. Foto F. Heint-
zenberg

Regionen Norrbotten und Västerbotten. In ganz Schweden wird der Bestand auf etwa 1500–2000 Paare geschätzt, weite Gebiete sind jedoch nur schwer zu erfassen. Das Brutgebiet erstreckt sich nach Süden bis hin nach Mittelschweden in die Regionen um Stockholm und Uppsala. Einzelne Vögel erreichen in sehr seltenen Ausnahmefällen auch Südschweden, z.B. Lund. In Finnland wird der Bestand auf etwa 300–1500 Paare geschätzt, in Norwegen brüten nur einzelne Paare. Der europäische Hauptbestand erstreckt sich jedoch in mehreren tausend Paaren über den nördlichen Teil Russlands. **Lebensraum** Bartkäuze bevorzugen altholzreiche Waldbestände von Fichten, Kiefern oder Birken im Norden Skandinaviens. Durch die moderne Forstwirtschaft sind ältere Waldbestände dort selten geworden. In den überwiegend jungen Waldbeständen fehlen geeignete Nistmöglichkeiten, da Bartkäuze entweder auf ausgefaulte Stubben oder alte Greifvogelhorste angewiesen sind. In diesen jüngeren Waldbeständen werden jedoch mit Erfolg Nisthilfen angenommen. Gelegentlich brüten Bartkäuze auch auf Hochsitzen. Freie Flächen, wie z.B. Lichtungen, Moorgebiete oder Wegesränder werden gerne zur Jagd genutzt. Weltweit gibt es zwei **Unterarten**. Im nördlichen Skandinavien und nach Osten hin bis über das Uralgebirge hinaus lebt die Unterart *Strix n. lapponica*. Die Nominatform *Strix n. nebulosa* ist in Nordamerika beheimatet.

WISSENSWERTES Bartkäuze haben beeindruckende Sinnesorgane. Sowohl das Gehör als auch die Augen sind hoch spezialisiert. Somit kann ein Bartkauz eine unter der geschlossenen, bis zu 30 cm dicken Schneedecke raschelnde Maus mit Hilfe des Gehörs auf etwa 150 m Entfernung orten. Daraufhin fliegt er auf die Beute zu, um direkt über ihr zu rütteln, um sie noch einmal genau zu lokalisieren. Im Sturzflug, mit ausgestreckten Fängen, durchbricht der Bartkauz dann die dichte Schneedecke und fängt sicher die Maus. Falls eine Maus entwischen sollte, kann die Jagd zu Fuß weitergehen. Die wendigen Füße können auch Mäuse aus dem Schnee oder einer Laubstreu graben. Die Beutetiere werden mit einem Biss in den Kopf getötet. Kleinere Säuger werden als Ganzes verschlungen. Größere Beutestücke und Nahrung für die Jungen werden zerteilt.

Als Schallverstärker der Geräusche dient bei dieser Jagdtechnik der große Gesichtsschleier, der wie ein Parabolspiegel auch sehr schwache Geräusche verstärkt. Wenn ein Geräusch wahrgenommen wird, richtet der Bartkauz den Blick und den Schleier in Richtung der Schallquelle und starrt bewegungslos in ihre Richtung. In diesem Moment ignoriert er selbst in der Nähe stehende Beobachter. Größere Jagdgebiete werden systematisch abgesucht, indem der Bartkauz von einer Sitzwarte zur nächsten fliegt, um jeweils minutenlang die Umgebung abzusuchen. Erfolgreiche Sitzwarten werden häufig wiederholt angeflogen. **Nahrung** Bartkäuze ernähren sich fast ausschließlich von Kleinsäugern wie Erdmäusen, Rötelmäusen, Sumpfmäusen und Spitzmäusen. Diese machen etwa 98 % der Nahrung aus. Nur in Ausnahmefällen werden auch Amphibien oder Aas angenommen. **Rufe** Der Balzruf des Bartkauzes ist sehr weich und tief „whooo-ooo-ooo-ooo", etwa 6–8 s lang andauernd. Er wird mit Pausen von etwa 15–20 s wiederholt und kann auch unter guten Bedingungen nur etwa 800 m weit gehört werden. Bartkäuze beginnen nach Einbruch der Dunkelheit zu rufen. Sie rufen am aktivsten kurz vor Mitternacht und eine Weile nach Mitternacht.

Wenige Wochen alter Bartkauz. Möglicherweise stammen Geschichten über Trolle im Wald von Begegnungen mit jungen Käuzen. Foto F. Heintzenberg

Sperbereule *Surnia ulula*

Die Sperbereule ist ein typischer, jedoch recht seltener Brutvogel der arktischen Nadel- und Birkenwälder Nordskandinaviens. Sie brütet in Baumhöhlen oder alten Reisighorsten in der Nähe von Moorgebieten und Lichtungen, wo sie von einer Sitzwarte aus nach Beute Ausschau halten kann. Man erkennt die Sperbereule leicht an der sperberartig gebänderten Brust, der markanten schwarz-weißen Gesichtszeichnung sowie dem für Eulen recht langen Schwanz. Obwohl Sperbereulen normalerweise Standvögel sind, können sie in manchen Jahren invasionsartig auch in Südschweden in größerer Zahl auftreten. Einzelne Individuen erreichen in Ausnahmefällen auch Dänemark und Norddeutschland.

KENNZEICHEN Länge 35–43 cm, Spannweite 69–82 cm, Gewicht 215–380 g. Eine unverkennbare, mittelgroße Eulenart mit relativ langem Schwanz, kurzen, recht schmalen und stumpfen Flügeln. Abgesehen von dem eulenartig großen Kopf ähneln die Proportionen eher einem Habicht oder Sperber als einer Eule. Die Unterseite ist weißlich mit feiner, dunkler sperberartiger Querbänderung, die Oberseite graubraun mit deutlichen weißen Schulterflecken, die von hinten betrachtet ein weißes „V" zeigen. Das Gesicht ist weiß mit markanter schwarzer seitlicher Einrahmung, wodurch der Blick der Eule grimmig erscheint. Die Augen und der Schnabel sind gelb. Sperbereulen sitzen häufig offen auf erhöhten Sitzwarten, wie z. B. Baumspitzen, und sind gegenüber dem Menschen nur wenig scheu. Oftmals sitzen sie frei und ohne jegliche Tarnung oder Deckung. Dabei wirken sie langschwänzig mit dickem Körper und rundem Kopf. Bei Erregung oder bei Störungen wird der Schwanz gestelzt. Von der Sitzwarte aus jagen sie ihre Beute oftmals im direkten Jagdflug mit schnellen Flügelschlägen, der von kurzen Gleitstrecken unterbrochen wird. Die **Weibchen** sind unwesentlich größer als die **Männchen**, beide Geschlechter können im Feld ohne einen direkten Größenvergleich jedoch nicht unterschieden werden. Nachdem die **Jungvögel** das Jugendkleid vermausert haben, können sie von Altvögeln nicht mehr sicher unterschieden werden.

VERBREITUNG UND LEBENSRAUM Die europäische Hauptverbreitung erstreckt sich mit 10 000 bis 100 000 Paaren über die Taigawälder des europäischen Teils Russlands. In Skandinavien leben durchschnittlich etwa 8100 Paare, davon 3500 Paare in Finnland, 3100 Paare in Norwegen und 1600 Paare in Schweden. Hauptsächlich dient der nördliche und mittlere Teil dieser Länder als Brutgebiet. Sperbereulen leben in lichten Nadelwäldern der nördlichen Taigaregion Skandinaviens. Fichtenwälder werden bevorzugt, aber auch Mischwälder mit Kiefern und Birken werden gerne als Bruthabitat genutzt. Es ist wichtig, dass im Brutgebiet ausreichend freie Flächen mit Ansitzwarten für die Jagd vorhanden sind. Für die Brut werden Halbhöhlen in toten Bäumen genutzt, aber auch Nistkästen werden angenommen. Weltweit gibt es drei verschiedene **Unterarten**. In Mitteleuropa lebt nur die Nominatform *S. u. ulula*.

WISSENSWERTES Aufgrund des eher greifvogelartigen Eindrucks dieser Art löst die Sperbereule nicht die für Eulen sonst typischen Hassreaktionen anderer Vögel aus. Daher fehlt ihr die rindenartige Tarnfärbung, die die meisten anderen Eulenarten zeigen, und sie hat auch eine andere Lebensweise und Jagdtechnik entwickelt. Die mangelnden Reaktionen anderer Arten auf die Präsenz einer Sperbereule erlaubt es ihr, völlig frei exponiert auf hohen Sitzwarten, wie z. B. Fichtenspitzen oder toten Bäumen, zu sitzen und von dort aus zu jagen. Die Beute wird im direkten Jagdflug erbeutet. Dabei fliegt die Eule geradlinig mit schnellen Flügelschlägen, die von kürzeren Gleitphasen unterbrochen sind, auf die Beute zu. Je nach Größe der Beute werden Vögel oftmals direkt am Boden oder im rasanten Verfolgungsflug erbeutet und mit einem Nackenbiss getötet. Kleinere Nagetiere werden im Vorbeifliegen gegriffen. Nicht sichtbare Beute wird auch im Rüttelflug geortet und dann erbeutet. Wie viele andere Eulenarten kann auch die Sperbereule einen Nahrungsvorrat anlegen. Getötete Beutetiere werden dabei in Baumlöcher oder Ritzen gedrückt. Diese Speisekammern werden gegenüber Artgenossen heftig verteidigt.

Sperbereule auf einer Sitzwarte. Im Gegensatz zu anderen Eulenarten jagen Sperbereulen frei exponiert, ohne jegliche Deckung oder Tarnung. Foto F. Heintzenberg

Dem Flug der Sperbereule fehlt die Eleganz, Schwerelosigkeit und Grazilität anderer Eulenarten. An- und Abflüge erfolgen meist wuchtig und plump, jedoch sehr sicher. Die Flügelschläge sind kräftig und nicht so lautlos wie bei anderen Eulen.

Brut Das Nest wird in der Regel in Höhlen oder Halbhöhlen errichtet. Wie bei vielen anderen Eulenarten besetzt das Männchen ein Revier und führt dem Weibchen im Verlauf der Balz durch ein lautstarkes Nestzeigeritual verschiedene mögliche Nistplätze vor. Beide Geschlechter äußern dabei zeternde und tuckernde Laute und führen mit polterndem Scharren und Nagen Nestbauhandlungen durch. Auch Nahrung kann hier übergeben werden. Die 3–13 Eier werden ab Anfang April im Abstand von 1–2 Tagen gelegt und vom ersten Ei ab nur vom Weibchen bebrütet. Nach 28–30 Tagen schlüpfen die Jungen und fliegen nach etwa drei bis fünf Wochen aus dem Nest aus. Sie werden noch bis in den September hinein von den Eltern gefüttert und verlassen danach das elterliche Revier.

Sperbereule mit einem erbeuteten Maulwurf. Foto F. Heintzenberg

Wenn man an einem vermuteten Nistbaum kratzt, fliegt das Weibchen direkt heraus und warnt lautstark. Sperbereulen sind normalerweise dem Menschen gegenüber relativ furchtlos und können oftmals aus nur wenigen Metern Entfernung beobachtet werden. Sie können zur Brutzeit den Menschen auch tätlich angreifen und mit den Krallen verletzen, falls man gerade flüggen Jungvögeln zu nahe kommt. Es ist daher wichtig, Abstand zu den Jungen einzuhalten und auch beide Altvögel im Auge zu behalten, wenn man sich einer Brut nähert. Altvögel warnen jedoch lautstark vor dem Angreifen, so dass Angriffe nicht ohne Vorwarnung erfolgen. Auch anderen Artgenossen gegenüber kann die Sperbereule sehr aggressiv auftreten. Das Revier wird sowohl vom Männchen als auch vom Weibchen aktiv verteidigt. Eindringlinge werden in rasanten Verfolgungsflügen verfolgt, aber auch tätlich angegriffen. Dabei können die Revierbesitzer sowohl die Krallen als auch den

Sperbereule im
Flug. Foto
F. Heintzenberg

weitaus ungefährlicheren Schnabel benutzen. Bei ernsteren Revierstreitigkeiten können mit den Krallen auch Federn ausgerissen werden. **Nahrung** Sperbereulen erbeuten während der Brutsaison in
erster Linie Kleinsäuger, wie z. B. Mäuse oder Wühlmäuse. Der Anteil
erbeuteter Vögel liegt zu dieser Zeit bei etwa 3 %, steigt jedoch nach
der Brutzeit stark auf etwa 30 % an. Das liegt vermutlich am erhöhten
Auftreten von Zugvögeln im Revier sowie einem großen Anteil von relativ unerfahrenen Jungvögeln. Häufig erbeutete Arten sind Drosseln
und andere Kleinvögel. Aber auch Vögel bis zur Größe eines Schnee-
huhns können geschlagen werden.

Rufe Abseits des Brutplatzes wenig stimmfreudig. Der Balzruf ist ein
2–3 Sekunden andauernder wohlklingender Triller, der relativ leise
beginnt und danach ansteigt. Beide Geschlechter können zur Balzzeit
Balzrufe äußern. Der Gesang des Weibchens ist jedoch in der Tonhöhe
mehr variierend und allgemein heller. Auch im Herbst können beide
Geschlechter durch Gesänge ihr Revier markieren. Dazu wird ein
wiehernder Trillerschrei geäußert. Bei intensivem Alarm, Beuteüber-
gaben sowie Kopulation hat die Sperbereule ein reich variiertes
Klangrepertoire.

Sperlingskauz *Glaucidium passerinum*

Mit nur etwa Starengröße ist der Sperlingskauz die kleinste europäische Eulenart und somit deutlich kleiner als ein Steinkauz. Sie lebt recht heimlich in älteren Nadelholzbeständen und ist vermutlich über lange Zeit in weiten Gebieten Deutschland übersehen worden. Bis in die 80er Jahre hinein waren in Deutschland überwiegend Brutvorkommen im Alpenraum und in den Mittelgebirgen bekannt. In den vergangenen Jahren sind viele neue Brutgebiete auch in niederen Lagen bis hinauf nach Schleswig-Holstein entdeckt worden. Aufgrund der sehr heimlichen Lebensweise dieser Art ist es eher wahrscheinlich, dass diese Brutvorkommen zuvor übersehen worden waren, als dass sich diese Art stark ausgebreitet hat.

KENNZEICHEN Länge 16–19 cm, Spannweite 35–38 cm, Gewicht 54–103 g. Die kleinste europäische Eule. Die Oberseite ist braun mit helleren Querflecken, die Flanken sind bräunlich, und der Bauch ist matt weiß mit schmalen braunen Längsstrichen. Je nach Stimmung des Kauzes ist der Kopf eulenartig groß und rund, bisweilen auch kantig und zeigt nur bei starker Erregung oder Tarnung zwei angedeutete Federohren. Dem Gesicht fehlt ein ausgeprägter Schleier. Zwei deutliche weiße Überaugenstreifen („Augenbrauen") geben der Eule einen strengen Gesichtsausdruck. Die Flügel und der Schwanz sind braun mit dichter heller Querbänderung. Im Sitzen erscheint die Eule plump, kann jedoch je nach Laune sehr verschiedene Körperformen einnehmen. Als geschickter Vogeljäger hat der Sperlingskauz recht lange und dünne Füße, mit denen er seine Beute geschickt und sicher greifen kann. Die Augen sind klein und leuchtend gelb, was dem Sperlingskauz einen stechenden Blick verleiht. Sperlingskäuze fliegen spechtartig, wellenförmig mit schnellen Flügelschlägen, die von kurzen Gleitphasen unterbrochen sind. Sie können jedoch auch geradlinig fliegen. Dabei sind die Flügel sehr kurz und rund. Beide **Geschlechter** können im Feld nicht unterschieden werden. Jungvögeln im Jugendkleid fehlen die hellen Tüpfel auf dem Scheitel, und die Flanken sind mehr einfarbig graubraun ohne das Wellenmuster der Altvögel. **Ähnliche Arten** sind Steinkauz, Raufußkauz.

VERBREITUNG UND LEBENSRAUM Sperlingskäuze haben ihr europäisches Hauptverbreitungsgebiet im europäischen Russland sowie in weiten Teilen Skandinaviens. In Mitteleuropa brüten sie in der gesamten Alpenregion, im Bayerischen Wald, dem Schwarzwald und anderen Gebirgen oder Mittelgebirgen, aber auch im Flachland wie in der Lüneburger Heide. Der deutsche Brutbestand wird auf etwa 2500–3000 Paare geschätzt, in Österreich brüten etwa 2000–3500 Paare. Weitere Brutvorkommen liegen in Polen, der Schweiz, der Slowakei, Tschechien und Ungarn. Der Sperlingskauz bevorzugt Nadel- und Mischwaldgebiete mit Altholzbeständen und Spechthöhlen, die er für die Beuteablage und Brut nutzen kann. Strukturreiche, offene Flächen wie Lichtungen, Waldwege oder Moorgebiete erleichtern der Eule die Jagd. Ein Revier kann nur dann genutzt werden, wenn es ein ganzjähriges Beuteangebot, genügend Deckung und wenige natürliche Feinde gibt. In den vergangenen Jahren konnten im Steigerwald auch Bruten in reinen Laubwaldgebieten festgestellt werden. Weltweit gibt es zwei verschiedene **Unterarten**. In Mitteleuropa lebt die Nominatform *G. p. passerinum*.

WISSENSWERTES Sperlingskäuze haben sowohl eine Herbstbalz als auch eine Frühjahrsbalz. Die Herbstbalz ist wesentlich ausgeprägter, und die Männchen können andauernd, auch tagsüber singen, gelegentlich auch unter Beteiligung des Weibchens. Im Winter sind die Eulen relativ wenig ruffreudig. Erst zum Frühjahr hin steigert sich die Balzaktivität wieder. Dann sind die ausdauerndsten Sänger unter den

Die kleinste Eulenart Europas, der Sperlingskauz. Foto F. Heintzenberg

Sperlingskäuzen die unverpaarten Männchen. Gesangsaktivitäten finden im Frühjahr in erster Linie in der frühen Morgen- und der späten Abenddämmerung statt.

Das Weibchen legt zwischen Anfang April und Anfang Mai 5–7 Eier. Im Gegensatz zu den meisten anderen europäischen Eulen fängt das Weibchen erst nach Ablage des letzten Eies mit der **Brut** an. Die Jungen schlüpfen daher etwa gleichzeitig nach einer Brutdauer von 29 Tagen. Nach etwa einem Monat verlassen sie die Bruthöhle, werden jedoch von den Eltern noch etwa sechs Wochen lang gefüttert und begleitet.

Da Sperlingskäuze während der Nacht nicht gut sehen können und die Beute in erster Linie optisch lokalisiert wird, jagen sie hauptsächlich in der Dämmerung. Beutetiere werden in erster Linie von einem höher gelegenen Ansitz aus erbeutet. Oftmals späht die kleine Eule von Fichtenspitzen aus. Sobald der Sperlingskauz ein Beutetier entdeckt, wird es mit starrem, jedoch sehr konzentriert wirkendem Blick fixiert. Dabei knickst der Kauz aufgeregt mit dem kurzen Schwanz. In rasantem Direktflug wird die Beute dann mit weit vorgestreckten Krallen geschlagen. Die Eule sichert das Beutetier mit herabhängenden Flügeln und beißt es durch einen Genick- oder Schnauzenbiss tot.

Sperlingskäuze sind tag- und dämmerungsaktiv und schlafen nachts. Foto F. Heintzenberg

Überschüssige Beute wird ganzjährig in Astgabeln von Baumkronen, in Höhlen und Felsspalten auf Vorrat gesammelt. Die Eule besitzt dabei ein erstaunliches Ortsgedächtnis. Manche dieser Speisekammern können in guten Mäusejahren vor allem zur kalten Jahreszeit bis zu mehrere Hundert Beutetiere enthalten. So große Vorräte sind jedoch eher die Ausnahme. Normalgroße Speisekammern des Sperlingskauzes enthalten oftmals etwa 10–20 Beutetiere. Um Platz zu sparen, werden diese ineinandergedrückt und frieren im Winter fest. Die Eule muss die Mäuse oder Vögel dann mit der eigenen Körperwärme auftauen, um sie fressen zu können. **Nahrung** Vögel und Kleinsäuger. Zur Brutzeit machen Kleinsäuger den Großteil der Nahrung aus. Zu Zeiten, in denen die Wühlmausbestände knapp werden, werden mehr Vögel erbeutet. Dabei kann der Sperlingskauz auch Arten erbeuten, die die eigene Größe übertreffen. **Rufe** Der Balzruf ist ein traurig klingendes einsilbiges „djü", das entweder einzeln oder gereiht vorgetragen werden kann. Die Rufe sind dem Ruf eines Gimpels nicht unähnlich. Normalerweise rufen Sperlingskäuze in einem Takt von 6–7-mal pro Minute, bei Erregung kann die Ruffrequenz jedoch auf bis zu 2 Rufe pro Sekunde gesteigert werden. Gesangsreihen können auch bis zu einer halben Minute andauern. Die intensivsten Rufe hat man während der Herbstbalz im September und Oktober festgestellt.

Steinkauz *Athene noctua*

Der Steinkauz ist ein Brutvogel offener Kulturlandschaften. Als Kulturfolger brütet er in Gebäudenischen und in Baumhöhlen, oftmals in unmittelbarer Nähe zum Menschen. In Deutschland findet man ihn vor allem im westlichen Teil bis hinauf nach Schleswig-Holstein, er zählt jedoch zu den stark gefährdeten Brutvogelarten und hat in den vergangenen Jahren gebietsweise stark abgenommen. Da er auch tagsüber häufig auf einer offenen Sitzwarte verweilt, kann man ihn im Vergleich zu anderen Eulenarten relativ häufig beobachten. Steinkäuze sind bereits in der griechischen Mythologie zu finden, wo die Art der Bote Athenes, der Göttin der Weisheit war. Möglicherweise stammt der allgemeine Glaube an die Weisheit und Klugheit der Eulen aus dieser Zeit. Der wissenschaftliche Name bedeutet soviel wie „Athene bei Nacht".

KENNZEICHEN Länge 21–23 cm, Spannweite 54–58 cm, Gewicht 160–250 g. Der Steinkauz ist eine kleine und sehr kräftig gebaute Eule. Er hat im Vergleich zum Körper relativ lange Beine und besitzt einen relativ großen und breiten, braunen Kopf, der auf dem Scheitel weiß gesprenkelt ist. Zwei weißliche Augenbrauen geben ihm einen strengen Blick. Die Oberseite ist bräunlich mit weißen Sprenkeln, die Unterseite weißlich mit braunen Längsstrichen. Die Augen sind leuchtend gelb, der Schnabel blassgelb. Oftmals sitzt der Steinkauz auch am Tage frei exponiert auf einer Sitzwarte. Er duckt sich bei Störungen und fliegt mit schnellen Flügelschlägen, die von kürzeren Gleitphasen unterbrochen sind, über längere Strecken wellenförmig, ähnlich einem Specht. Kurze Flugstrecken werden geradlinig zurückgelegt. Bei Aufregung knickst er und wippt mit dem gesamten Körper auf und ab. Beide **Geschlechter** sind gleich gefärbt und können auch anhand der Größe im Feld nicht sicher unterschieden werden. Dem einfarbiger, graubraun gefärbten Jugendkleid fehlt die weiße Fleckung des Scheitels. Nachdem das Jugendkleid vermausert ist, können Alt- und Jungvögel im Freiland nicht mehr sicher auseinandergehalten werden.

VERBREITUNG UND LEBENSRAUM Der Steinkauz ist in Europa weit verbreitet. Die mitteleuropäischen Bestände werden auf über 25 000 Paare geschätzt, jedoch ist die Tendenz stark abnehmend. Ein Großteil dieser Population lebt mit 5500–6500 Paaren in den

Die Bruthöhle
wird angeflogen.
Foto H. Vollmer

Niederlanden. Danach folgen Belgien mit 4500–6600 Paaren und Deutschland mit etwa 8100 Paaren. In Polen leben Schätzungen zufolge 1000–2000 Paare, in Ungarn 1800–2500, in der Slowakei 800–1000 und in Tschechien 250–500. Kleinere Bestände findet man auch in Luxemburg, der Schweiz und in Österreich.

Der Hauptteil der deutschen Steinkäuze lebt mit etwa 6000 Paaren in Nordrhein-Westfalen. Besonders in den „neuen" Bundesländern haben im Zuge der Intensivierung der Landwirtschaft die Bestände des Steinkauzes in den vergangenen Jahren stark abgenommen. Steinkäuze bevorzugen als ehemalige Steppenbewohner die offene Landschaft. In Mitteleuropa findet man die Art in erster Linie in offenem Kulturland mit Streuobstwiesen, Dauergrünlandbereichen und einzeln stehenden alten Bäumen, die ausreichend Nistmöglichkeiten bieten. Traditionell dienen alte Kopfweiden, die von innen ausgefault sind, als gute Nistplätze. Diese sind im Zuge der Modernisierung jedoch selten geworden. Auch Randbereiche von Dörfern, in denen es ein gutes Nahrungsangebot gibt, werden gerne als Brutgebiete genutzt. Das Nest kann auch in Spalten in Gebäuden, Steinhaufen oder Schornsteinen angelegt werden. Südeuropäische Vögel besiedeln gerne alte Oliven- und Korkeichenhaine. Weltweit gibt es etwa elf verschiedene **Unterarten** des Steinkauzes. Die systematische Stellung einiger dieser Unterarten ist jedoch unklar, und in Zukunft ist es nicht unwahrscheinlich, dass beispielsweise die heller sandfarbenen Unterarten des Mittleren Ostens als eigene Arten eingestuft werden.

In Europa kommt neben der weit verbreiteten Nominatform *A. n. noctua* auch die südosteuropäische Unterart *A. n. indigena* vor. **Ähnliche Arten** Zwergohreule.

WISSENSWERTES Steinkäuze sind Standvögel, die das gesamte Jahr über in ihrem Revier bleiben. Die Revierkenntnis nutzen sie dabei geschickt aus, indem sie immer einen rettenden Fluchtweg parat haben. So können sie blitzschnell in einem Loch in einer Mauer oder in einem dichten Busch verschwinden. Wie viele andere stationäre Eulenarten verkünden sie ihre Anwesenheit im Revier bereits weit vor Beginn der **Brut**saison durch eine territoriale Herbstbalz. Während der Wintermonate nimmt die Balzaktivität stark ab, jedoch sind rufende Männchen bereits ab Ende Januar wieder balzend zu hören. Steinkäuze brüten ab April bis Mitte Juni und legen 3 – 6 Eier, die vom Weibchen alleine bebrütet werden. Nach 28 Tagen schlüpfen die Jungen, die das Nest nach etwa 22 – 24 Tagen verlassen, um als noch flugunfähige Ästlinge weiter von den Eltern versorgt zu werden. Nach etwa drei Monaten lösen sich die Familienverbände allmählich auf.

Steinkäuze gehören in weiten Bereichen Deutschlands zu den gefährdeten Vogelarten. Besonders die Zerstörung des Lebensraums durch die moderne Landwirtschaft, aber auch die Ausdehnung von Dörfern durch Neubauten drängen den Steinkauz mehr und mehr zurück. Ein wichtiger Faktor in der Erhaltung der mitteleuropäischen Brutbestände ist die Sicherung geeigneter Brutbiotope. Daher sollten in Zusammenarbeit mit den zuständigen Behörden langfristige Biotoppflegekonzepte für die Brutgebiete erstellt werden. In Gebieten, in

Links: Steinkäuze sind überwiegend tagaktiv. Foto F. Heintzenberg

Rechts: Steinkäuze bei der Paarung. Foto D. Nill

Junge Steinkäuze warten auf die nächste Fütterung durch die Eltern. Foto H. Vollmer

denen natürliche Nistmöglichkeiten fehlen, können auch Nisthilfen aufgehängt werden. Es hat sich sogar gezeigt, dass Steinkäuze diese künstlichen und „mardersicheren" Nisthilfen gegenüber natürlichen Brutplätzen in Kopfweiden bevorzugen. Damit die Bestände nicht weiter abnehmen, müssen auch Dauergrünlandflächen geschaffen werden. Das Vorhandensein von Dauergrünlandflächen sichert eine ganzjährig stabile Nahrungsquelle, die für das Erhalten von Steinkauzpopulationen unerlässlich ist. Je nach Lebensraum kann die **Nahrung** des Steinkauzes anteilsmäßig stark variieren. Vor allem zur warmen Jahreszeit können Insekten wie Käfer und Heuschrecken einen Großteil des Beutespektrums ausmachen. In eher feuchtkalten Gegenden des Verbreitungsgebietes stellen Regenwürmer den Hauptteil der Nahrung. Sie werden geschickt mit dem Schnabel aus

Bei hellem Tageslicht ist die Pupille des Steinkauzes eng zusammengezogen, wodurch die gelbe Iris stark hervortritt. Foto G. Stengel

dem Boden gezogen. Aber auch Kleinsäuger wie z. B. Wühlmäuse können einen beträchtlichen Anteil der Nahrung bilden. Steinkäuze jagen ihre Beute überwiegend direkt am Boden. Mit ihren langen Beinen kann die kleine Eule in Riesenschritten laufend die Beutetiere verfolgen, falls diese zu entkommen versuchen. Im Winter kann die Eule bei geschlossener Schneedecke die Nahrung fast komplett auf Kleinvögel umstellen. Der **Balzgesang** des Steinkauzes ist ein weiches, voll klingendes „guuuuk", das recht tief und langgezogen erscheint und am Ende etwas ansteigt. Die Rufe werden bis zu mehrminütigen Strophen gereiht, die etwa 17–20 Silben pro Minute haben. Die Rufe sind bis zu 600 m weit hörbar. Neben den Balzrufen besitzt der Steinkauz ein reiches Rufrepertoire mit einer Vielfalt gackernder, keckernder, zickender und miauender Rufe.

MENSCH UND STEINKAUZ In der griechischen Mythologie haben Steinkäuze eine bedeutende Rolle gespielt. Diese kleine Eule galt als Bote der griechischen Göttin Athene, der Göttin der Weisheit. Sie ist bereits damals unter Schutz gestellt worden und war in der Akropolis, dem Tempel Athenes, ein häufiger Brutvogel. Dieser Mythologie hat die Art später auch ihren wissenschaftlichen Gattungsnamen „Athene" zu verdanken. Das griechische Heer hat Bilder dieser Eule als Symbol benutzt, die sie gegen Gefahren schützen sollten. Als gutes Omen für einen Sieg in einem Feldzug galt es, wenn ein Steinkauz über das Heer flog. Auch auf alten griechischen Münzen sind wiederholt Bilder von Steinkäuzen zu finden. Diese sollten den Handel vor Unheil schützen. Als Wappenvogel zierte ein Steinkauz mit Ölzweig und Mond die Rückseite der Münzen, die daher auch kurz „Eulen" genannt wurden. Da Athen eine sehr reiche Stadt war und es daher eine Vielzahl dieser „Eulen" dort gab, gab es die Redewendung „Eulen nach Athen tragen", etwas Unsinniges tun, die auch heute noch verwendet wird.

In späteren Jahren haben die Römer den Steinkauz als Weisheits-
symbol übernommen. In der römischen Mythologie war der Stein-
kauz nunmehr ein Begleiter Minervas, der römischen Göttin der
Weisheit, und genoss Schutz und Ansehen. Im Zuge der Blüte des
Römischen Reiches, in der die Römer nahezu ganz Europa erobert
haben, verbreiteten sich auch die Mythen über diese kleine Eulenart.
In Schweden und Finnland zeugen die heutzutage gültigen Artnamen
„Minervauggla" (schwedisch für Minervaeule) und „Minervapöllö"
(finnisch für Minervaeule) von der einstigen römischen Großmacht.
Im alten Mexiko, wo es eine Schwesterart des Steinkauzes gibt, galt
diese Art unter den Azteken als Bote Mictlantecuhlis, dem „Herrn
des Todes". Ihr wurde nachgesagt, dass sie im Grenzland zwischen
dem Reich des Lebens und dem Reich des Todes fliegt. Auch heute
noch gibt es spanische Redewendungen, wie zum Beispiel „cuando
el tecolote canta, el indio se muere" (Wenn die Eule ruft, stirbt ein
Indianer).
Auch in Europa blühte der Aberglauben im Zusammenhang mit dem
Steinkauz. In Yorkshire, einer Gegend Englands, glaubte man, dass
es gegen Alkoholismus half, wenn man rohe Steinkauzeier aß. Falls
man die Eier bereits im Kindesalter aß, wirkte der Schutz gegen die
Trunksucht ein ganzes Leben lang. Auch wurden Steinkauzeiern eine
heilende Wirkung gegen Epilepsie und Irrsinn nachgesagt.
Auch in Deutschland blühte der Aberglauben über die Eulen. Wie
viele andere Eulen galt auch der Steinkauz früher als Unglücks- und
Todesvogel.

Eng drücken
sich die jungen
Steinkäuze in der
Bruthöhle zusam-
men. Foto D. Nill

Raufußkauz *Aegolius funereus*

Der Raufußkauz ist ein Bewohner von Mischwäldern in Bergregionen. Er ist streng nachtaktiv und brütet in alten Schwarzspechthöhlen. Noch bis in die 1940er Jahre war diese Art nur wenig bekannt. Erst dadurch, dass auch in nördlichen Teilen Deutschlands neue Brutgebiete bekannt geworden sind, ist das Interesse für die Art deutlich gestiegen. Mittlerweile sind Bruten aus weiten Teilen Deutschlands bis hin nach Schleswig-Holstein bekannt.

KENNZEICHEN Länge 22–27 cm, Spannweite 50–62 cm, Gewicht 115–200 g. Raufußkäuze sind etwa steinkauzgroß und haben einen überproportional großen Kopf mit nur rudimentären Federohren. Der helle Gesichtsschleier ist dunkel eingerahmt. Die Oberseite ist schokoladenbraun mit weißlichen perlenähnlichen Flecken, wodurch die Eule ihren schwedischen Namen „Pärluggla" (= Perleneule) bekommen hat. Die Augen sind leuchtend gelb und relativ groß und geben der Eule einen ständig erstaunten Gesichtsausdruck. Beiderseits des gelben Schnabels sind im Gesicht zwei dunkle Striche sichtbar. Die Unterseite ist verwaschen grau und zeigt eine graubraune Fleckung und verwaschene Längsstreifung. Die relativ kurzen Füße sind bis zu den Krallen dicht weiß befiedert, wodurch die Eule ihren deutschen Namen erhalten hat. Das Wort „rau" ist dabei eine altertümliche Bezeichnung für „Pelz" (Rauchwaren). Wie bei allen Eulenarten sind die **Weibchen** größer als die **Männchen**, was sich beim Raufußkauz aber am ehesten im Gewicht bemerkbar macht. Die Weibchen wiegen fast doppelt so viel wie die Männchen. Im Freiland

Porträt eines Raufußkauzes. Arttypisch sind die weit aufgerissenen, gelben Augen, die dem Kauz einen erstaunten Blick verleihen. Foto F. Heintzenberg

ist dieser Unterschied jedoch ohne direkten Größenvergleich nur schwierig zu beurteilen. Die **Jungvögel** haben ein einfarbig schokoladenbraunes Jugendkleid und einen dunkleren Gesichtsschleier mit deutlichen hellen „Augenbrauen". Dieses Kleid wird aber bereits zum ersten Winter hin vermausert. **Ähnliche Arten** sind Waldkauz, Steinkauz, Sperlingskauz.

VERBREITUNG UND LEBENSRAUM In Europa liegt das Hauptverbreitungs-

gebiet dieser Eule mit etwa 50 000 Brutpaaren in Skandinavien. Infolge von
Nahrungseinbrüchen können die Bestände jedoch stark schwanken. Der
mitteleuropäische Bestand wird auf
etwa 9800 Paare geschätzt, wovon etwa
2000–3000 in Deutschland brüten. Der
Großteil der verbleibenden mitteleuropäischen Population lebt in Österreich
und der Schweiz. Aufgrund der Nachtaktivität und der sehr heimlichen Lebensweise außerhalb der Brutsaison ist
davon auszugehen, dass der tatsächliche
Bestand höher ist. Neuentdeckungen
von Brutgebieten im Norden Deutschlands während der vergangenen Jahre
unterstützen diese Vermutung. Da Raufußkäuze ausgesprochene Höhlenbrüter
sind, bewohnen sie in erster Linie Altholzbestände von Nadel- und Mischwäldern mit alten Schwarzspechthöhlen.
Gerne werden Rotbuchen und Kiefern-
bestände als Brutplatz gewählt. Für den
Tageseinstand nutzt der Kauz gerne
dichtere Nadelwaldbestände, in denen er
sich auf einem Ast sitzend eng an einen
Baumstamm lehnen kann, um mit geschlossenen Augen zu dösen. Für die

Jagd bevorzugt die Eule offene Gebiete, wie z. B. Lichtungen oder
Moorgebiete. Weltweit sind etwa fünf **Unterarten** bekannt. In Europa und Skandinavien brütet die Nominatform *Aegolius f. funereus*.

Adulter Raufuß-
kauz. Die Eule
wirkt durch den
starren Blick et-
was puppenartig.
Foto H. Hautala

WISSENSWERTES Raufußkäuze sind streng nachtaktiv und können
tagsüber nur selten offen beobachtet werden. Die aufgrund der
nächtlichen Lebensweise ausgeprägten Körpereigenschaften der
Eulen sind beim Raufußkauz besonders stark ausgeprägt. So ist das
Gehör dieser Art stärker asymmetrisch geformt als bei anderen
Eulenarten. Diese Eigenschaft ermöglicht ein sicheres akustisches
Orten der Beute auch bei völliger Dunkelheit und erlaubt es dem Rau-
fußkauz, seine Beute auch ohne Sichtkontakt zu schlagen. Beutetiere
werden von einer Sitzwarte aus akustisch geortet und kraftvoll am
Boden geschlagen. Größere Beutetiere werden zerteilt, Vögel teil-

weise gerupft. Wie viele andere waldlebende Eulen legt auch der Raufußkauz Fressvorräte an. Alte Schwarzspechthöhlen dienen dabei als
Speisekammer.

Raufußkäuze haben in den vergangenen Jahren ihr Brutareal deutlich nach Norden und Westen hin ausgeweitet. Die Ursachen hierfür
sind nur wenig bekannt, es kann jedoch damit zusammenhängen,
dass Nisthilfen aufgehängt worden sind. Auch die scheinbar milder
werdenden Winter der vergangenen Jahre können zu diesem Aus-
breitungstrend beitragen. Kahlschlagflächen aufgrund von Stürmen
oder der Forstwirtschaft können eine Ansiedlung begünstigen,
sofern alte Bäume mit möglichen Bruthöhlen erhalten bleiben, wie
Untersuchungen im Harz gezeigt haben. Waldgebiete mit möglichen
Fressfeinden wie z. B. Waldkauz, Uhu oder Baummarder werden
gemieden.

Brut Wie viele andere kleine Eulenarten werden auch Raufußkäuze
bereits im ersten Lebensjahr geschlechtsreif und können im darauf-
folgenden Jahr brüten. Verpaarte Vögel leben in einer monogamen
Saisonehe, allerdings kommt auch Polygamie oder Schachtelbruten
vor. Vor allem in guten Mäusejahren können die Weibchen nach dem
Hudern die Jungen verlassen und eine zweite Brut mit einem anderen
Männchen beginnen. Die erste Brut wird dann vom ersten Männchen
alleine versorgt. Die Balz beginnt im
Spätwinter im Januar und steigert sich
bis zum April. Die 3 – 6 Eier werden im
Abstand von etwa einem Tag gelegt.
Schon nach der Ablage des ersten Eies
werden sie vom Weibchen allein bebrütet, während es vom Männchen mit
Beute versorgt wird. Nach einer Brutdauer von 26 – 28 Tagen schlüpfen die
noch völlig blinden Jungen. Etwa 32 Tage
später verlassen die Jungen die Höhle,
werden jedoch als Ästlinge noch bis zu
einem Alter von 10 – 12 Wochen versorgt.
Die erste eigene Beute wird im Alter von
6 – 8 Wochen geschlagen.

Raufußkäuze sind in Mitteleuropa überwiegend Standvögel. Teile der skandinavischen Bestände, darunter vorwiegend

Flügge Ästlinge
des Raufuß-
kauzes. Foto
H. Vollmer

Weibchen und Jungvögel, können im Herbst nach Süden wandern. Männchen hingegen sind mehr territorial und verlassen das Revier nur bei Nahrungsmangel. Da zur kalten Jahreszeit Einflüge nordischer Raufußkäuze stattfinden, ist davon auszugehen, dass die mitteleuropäischen Bestände, die lange Zeit als Eiszeitrelikt galten, einen genetischen Austausch mit den Raufußkäuzen Skandinaviens haben.

Kleinere Nagetiere wie z. B. Rötel- und Wühlmäuse machen den Hauptteil der **Nahrung** aus. Wesentlich geringer ist der Anteil erbeuteter Vögel, der bei etwa 10 % liegt.
Erst bei völliger Dunkelheit lässt das Männchen die typischen Balz-**rufe** erklingen. Es ist eine Reihe von vier bis zehn flötenden „uü"-Tönen, die zaghaft beginnen und dann deutlich lauter werden. Bei guten Bedingungen ist der Gesang bis zu 2000 m weit hörbar. Neben dem typischen Gesang gibt es, wie bei den meisten anderen Eulenarten auch, ein waldkauzähnliches „kjuvitt". Die Gesangsaktivität beginnt im Januar und steigt bis zum April hin an. Eine Herbstbalz ist nur wenig ausgeprägt. Abgesehen von einer Gesangspause in der Mitte der Nacht kann ein Raufußkauzmännchen bis in die frühe Morgendämmerung singen. Allgemein sind Raufußkäuze nicht sehr stimmfreudig. In Anwesenheit von Fressfeinden wie z. B. Waldkäuzen können sie fast völlig stumm bleiben, um sich nicht zu verraten.

Waldohreule *Asio otus*

Neben dem Waldkauz ist die Waldohreule die häufigste und am weitesten verbreitete Eulenart Deutschlands. Obwohl sie zur Brutzeit relativ heimlich lebt und streng nachtaktiv ist, kann man sie umso besser im Winter am Schlafplatz beobachten. Wie die Sumpfohreule verbringt auch die Waldohreule die Wintertage in Schlafgemeinschaften, die aus bis zu über 100 Vögeln bestehen können, die im gleichen Baum ruhen.

KENNZEICHEN Länge 32–37 cm, Spannweite 86–98 cm, Gewicht 250–300 g. Eine mittelgroße Eulenart, deutlich kleiner und schlanker als Waldkauz und nur unwesentlich kleiner als Sumpfohreule. Im Sitzen sind in der Regel deutliche, lange Federohren zu sehen. Diese können aber auch komplett angelegt werden, wenn die Eule völlig entspannt ist oder wenn sie fliegt. Waldohreulen ähneln im Aussehen entfernt einem kleinen Uhu, sind jedoch wesentlich kleiner und vor allem schlanker. Die Oberseite ist auf gelblichem Grund grau-braun marmoriert und bietet der Eule durch die dadurch entstehende rindenartige Zeichnung in Bäumen eine perfekte Tarnung. Ihre Unterseite ist dunkelbeige mit deutlichen dunkelbraunen Längsstrichen. Der rostgelbliche Gesichtsschleier ist weißlich eingefasst. Zwischen den Augen unterbrechen zwei aufrecht stehende weißliche Augenbrauen den Gesichtsschleier und geben der Eule einen sehr aufmerksamen Eindruck. Die Augen sind leuchtend orange gefärbt. Die Waldohreule ist vor allem der Sumpfohreule sehr ähnlich, mit der sie sehr nahe verwandt ist. Beide Arten sind vor allem im Fluge nur schwer zu unterscheiden. Waldohreulen haben einen feiner gebänderten Schwanz und eine bis auf den Bauch reichende Bänderung der Unterseite. Ihr fehlen auch die sumpfohreulentypischen weißen Flügelhinterkanten sowie die schwarzen Flügelspitzen. Stattdessen zeigt sie eine mit 4–5 schmalen Querbinden gebänderte Flügelspitze. Die Federohren sind bei beiden Arten im Flug angelegt und somit nicht zu erkennen. **Männchen** sind in der Regel etwas heller gefärbt als **Weibchen**. Jung- und Altvögel sind im Herbst nicht mehr sicher im Feld voneinander zu unterscheiden.

VERBREITUNG UND LEBENSRAUM Die Waldohreule besiedelt fast ganz Europa. Nur in den skandinavischen Taigawäldern, im Südwesten Englands, in Süditalien und anderen Gebieten des Mittelmeerraumes fehlt sie. Die Bestände sind nicht einfach einzuschätzen und unterliegen relativ starken Schwankungen, da die Waldohreule von den Bestandsschwankungen der Kleinsäuger abhängig ist. In ganz Europa leben etwa 200 000 Waldohreulen-Paare. Der mitteleuropäische Bestand wird auf etwa 82 000 Paare geschätzt. Den Schwerpunkt ihrer europäischen Verbreitung erreicht sie mit etwa 25 000 – 35 000 Paaren in Deutschland. Mit 8000 – 25 000 Paaren folgen Polen und mit 6500 – 12 000 Paaren Ungarn. Kleinere Bestände gibt es in allen anderen mitteleuropäischen Ländern.

Waldohreulen benötigen zur Jagd offenes Gelände. Reich gegliederte Feldlandschaften mit Wiesenbereichen und verstreut gelegenen Feldgehölzen bieten daher einen optimalen Lebensraum. Dauergrünflächen, in denen sich stabile Feldmauspopulationen gut entwickeln können, werden gerne als Jagdrevier genutzt. Die inneren Bereiche größerer Wälder werden jedoch gemieden, da sie dort Konkurrenz mit dem stärkeren Waldkauz bekommen. Weltweit werden fünf **Unterarten** unterschieden. In Europa leben zwei verschiedene

Waldohreule auf
der Ansitzwarte.
Foto D. Nill

Links: Waldohr-
eule am winter-
lichen Schlaf-
platz. Bei hellem
Licht werden die
Augen schlitzar-
tig zusammen-
gekniffen. Foto
F. Heintzenberg

Rechts: Waldohr-
eule beim Staub-
bad. Das gesamte
Gefieder wird mit
Sand und Staub
eingepudert, um
Milben und an-
dere Parasiten
fernzuhalten.
Foto R. Diemer

Unterarten: Zum einen auf dem europäischen Festland die weit
verbreitete Nominatform *A. o. otus* und zum anderen die Unterart
A. o. canariensis auf den Kanarischen Inseln.

WISSENSWERTES Waldohreulen brüten in der Regel in verlassenen
Nestern anderer Vögel, zumeist in alten Krähennestern. In Gebieten
ohne natürliche Krähennester kann man auch Kunstnester aus Reisig
anbieten, die gerne angenommen werden. Die Waldohreulen meiden
während der Brutzeit den direkten Kontakt zum stärkeren Waldkauz.

Die **Brut**zeit beginnt im zeitigen Frühjahr gegen Ende März bis Mitte
April. Dabei bestimmt das Weibchen eines der vom Männchen bereits
im Herbst inspizierten Nester des Reviers zur Brut. Wie fast alle Eulen
bauen auch Waldohreulen keine eigenen Nester und sind somit auf
bereits vorhandene Nester anderer Arten angewiesen. Mit Zupfen
und Biegen der im Nest befindlichen Äste wird die Stabilität getestet.
Reicht diese aus, legt das Weibchen in einem Legeabstand von zwei
Tagen 4−6 weiße Eier, die vom Weibchen alleine bebrütet werden.
Während der 27−28 Tage andauernden Brutzeit versorgt das Männchen das Weibchen mit Nahrung. Da das Gelege bereits ab dem
ersten Ei bebrütet wird, schlüpfen die Jungen im Abstand von zwei

Tagen. Der Altersunterschied zwischen dem jüngsten und dem ältesten Jungvogel kann daher bis zu zwei Wochen betragen. Nach etwa 3–4 Wochen verlassen die Jungen das Nest, um als Ästlinge geschickt die Bäume der näheren Umgebung zu erkunden. Tagsüber ruhen sie gut getarnt in dichten Laub- oder Nadelbäumen. Nach etwa ein bis zwei Wochen als Ästlinge sind die Schwungfedern so weit herangewachsen, dass sie bereits kurze Strecken fliegen können. Sie werden von den Eltern insgesamt etwa zweieinhalb Monate lang nach dem Schlüpfen versorgt.

Waldohreulen sind keine ausgeprägten Zugvögel, sondern Teilzieher. Nach der Brutzeit sind jedoch zum Teil beindruckende Wanderungen möglich. Beringte Jungvögel wurden nach wenigen Wochen bis über 2000 Kilometer entfernt vom Brutplatz angetroffen. Auch im Frühjahr nach dem gemeinsamen Überwintern können genauso weite Wanderungen unternommen werden.

Während die Waldohreule zur Brutzeit ein ausgesprochener Einzelgänger ist, kann man sie auf dem Zuge und im Winter in lockeren Gemeinschaften antreffen. Sie rasten in der Regel gut versteckt in Nadelbäumen wie z. B. hohen Fichten oder Kiefern. Am ehesten wird man auf solche Tagesschlafplätze durch Anhäufungen von Gewöllen um die Bäume herum aufmerksam. Insbesondere in strengeren Wintern mit viel Schnee kann man diese Schlafgemeinschaften auch innerhalb von Städten antreffen, wo nicht selten mehr als zehn Waldohreulen im gleichen Baum sitzen. Manche Tagesrastplätze bestehen aber auch aus über 100 Vögeln. Gegen Abend werden die Eulen rege

Waldohreule im Flug. Im Gegensatz zur Sumpfohreule fehlt der Art die weiße Flügelhinterkante und die dunklen Flügelspitzen. Foto D. Nill

und zeigen den Beginn der nächtlichen Jagdperiode durch Gähnen und Flügelstrecken an. Erst nach Sonnenuntergang fliegen sie einzeln in das Dunkel der Nacht, um dann am nächsten Morgen wieder in der Gruppe im Schlafbaum zu verweilen.

Die rindenartig marmorierte Gefiederzeichnung der Waldohreule trägt sowohl zur Brutzeit als auch am Winterschlafplatz zur Tarnung bei. Auch die Ästlinge sind an ihren Tagesruheplätzen gut getarnt. In ausweglosen Situationen können sie Fressfeinde wie Marder oder Katzen durch Fauchen und radförmiges Flügelöffnen in Kombination mit knappenden Schnabelgeräuschen vertreiben. Eine Gefahr für junge und adulte Waldohreulen ist der ebenfalls nachtaktive Uhu. Er kann bettelnde Jungvögel und balzende Altvögel anhand der Rufe leicht lokalisieren. Bei Verlust eines Partners kann es noch im selben Jahr zu einer Zweitbrut kommen. Normalerweise brüten Waldohreulen jedoch nur einmal pro Jahr.

Eine junge Waldohreule versucht, durch fächerartig aufgestellte Flügel größer zu wirken, um Feinde abzuschrecken. Foto H. D. Brandl

Waldohreulen lokalisieren ihre Beute überwiegend akustisch. Dabei fliegen sie fast schwerelos in gaukelndem Schleifenflug über Wiesenbereiche und die offene Kulturlandschaft. Gelegentlich stehen sie

Waldohreule bei der Jagd. Die Art jagt sowohl optisch, als auch akustisch. Foto D. Nill

rüttelnd in der Luft, um Geräusche in der Vegetation besser deuten und lokalisieren zu können. Mit den scharfen Krallen wird die Beute dann am Boden ergriffen und mit einem Nackenbiss getötet. Schlafende Vögel können mit Flügelklatschen aus Büschen getrieben werden. In Ausnahmefällen werden auch Käfer und andere große Insekten erbeutet sowie Fische direkt von der Wasseroberfläche gefangen.

Zur Haupt**nahrung** zählen Mäuse und Wühlmäuse. Diese machen etwa 90 % der Nahrung der Wahlohreulen aus. Kleinvögel sind mit weniger als 10 % nur ein relativ geringer Teil der Beute. Waldohreulen sind in der Nahrungswahl jedoch recht flexibel und passen sich dem vorhandenen Angebot an. In Jahren mit Mäusemangel kann die Nahrung daher fast ausschließlich aus Kleinvögeln bestehen. **Rufe** Während der Brutzeit ruft das Männchen ein dumpfes und monotones „oh", das etwa alle zwei bis drei Sekunden wiederholt wird. Auch das Weibchen ruft zur Balzzeit. Die Rufe sind etwas dumpfer als die des Männchens. Diese Rufe sind bis zu 1000 m weit hörbar. Auch ein, an bettelnde Jungeulen erinnerndes nasales „pih-äw" ist zu hören. Am ehesten wird man auf die Jungvögel aufmerksam. Die Ästlinge der Waldohreule sind bis weit über einen Kilometer hörbar. Ihre Rufe sind ein hohes, zweisilbiges, langgezogenes „pii-ih".

Sumpfohreule *Asio flammeus*

Aufgrund der Vernichtung vieler Feuchtgebiete durch die moderne Landwirtschaft sind Sumpfohreulen heutzutage vielerorts sehr selten geworden. In Deutschland sieht man sie am häufigsten im Herbst und Winter, wenn skandinavische und russische Sumpfohreulen als Wintergäste in geeigneten Biotopen verweilen. Ihren Namen hat die Eule aufgrund der Wahl ihres Lebensraums und ihres Aussehens bekommen. Sie brütet in ausgedehnten Feuchtwiesenbereichen und Moorgebieten mit hoher Grasvegetation. Die namensgebenden Federohren sind jedoch sehr kurz und nur bei Erregung, Tarnung oder Ruhe sichtbar.

Die dunkle Augenumrandung verleiht der Sumpfohreule einen übernächtigten Eindruck. Foto F. Heintzenberg

KENNZEICHEN Länge 34–42 cm, Spannweite 96–107 cm, Gewicht 300–500 g. Eine mittelgroße, fast ausschließlich bodenlebende Eulenart, die sich in der Gefiederfärbung den Farben einer trockenen Graslandschaft perfekt angepasst hat. Das Gefieder der Oberseite ist dunkelbraun mit beigefarbenen, bräunlichen und weißlichen Tüpfelflecken, die ein wirkungsvolles Tarnmuster ergeben. Die Flügelspitzen sind im Sitzen schwarz. Die Unterseite ist beigegelb mit deutlichen Längsstrichen. Im Gegensatz zu vielen anderen Eulenarten ist der Kopf relativ klein. Ein deutlicher gelb-weißer Gesichtsschleier umrandet die beiden stechend goldgelben Augen. Der strenge Blick dieser Eule wird durch breite schwarze Augenumrahmungen noch verstärkt. Sumpfohreulen machen daher oftmals einen stark übernächtigten Eindruck. Die Flugweise ist sehr langsam, schaukelnd und fast schwerelos. Die steifen Flügel erscheinen relativ lang und der Schwanz kurz. Aktiver Flug wird regelmäßig von Gleitstrecken unterbrochen. Trotz des zeitlupenartigen Fluges können Sumpfohreulen sehr geschickt und wendig sein. Im Unterschied zu der sehr ähnlichen und nahe verwandten Waldohreule haben die

Flügel eine deutliche weiße Hinterkante. Weitere Unterschiede zu fliegenden Waldohreulen sind der wesentlich gröber gebänderte Schwanz und die deutlich dunkleren, schwärzlich erscheinenden Flügelspitzen. **Männchen** und **Weibchen** sind einander sehr ähnlich. Die Männchen sind jedoch im Gesicht etwas blasser und weniger rötlich gefärbt. Jung- und Altvögel sind ab der Herbstmauser im Freiland nicht mehr sicher zu unterscheiden.

VERBREITUNG UND LEBENSRAUM Die Sumpfohreule ist über fast ganz Skandinavien und den europäischen Teil Russlands weit verbreitet. Die Hauptverbreitung liegt mit mehr als 10 000 Paaren in Russland. In Finnland brüten etwa 5500 Paare, In Schweden 3700 Paare und in Norwegen 3200 Paare. Einst ein regelmäßiger Brutvogel, ist die Sumpfohreule heute in weiten Teilen Deutschlands als Brutvogel ausgestorben. Der deutsche Bestand wird auf 75 – 175 Paare geschätzt.
Sumpfohreulen brüten in extensiv genutzten Wiesenbereichen, in Hochmooren, Feuchtgebieten mit hoher Grasvegetation und auf Heideflächen. In Deutschland brütet sie regelmäßig auf den Inseln an der Nordseeküste, insbesondere auf den ost- und westfriesischen

Sumpfohreule im Flug. Auffällig sind die weiße Flügelhinterkante, die dunklen Flügelspitzen und der grob gebänderte Schwanz. Foto F. Heintzenberg

Inseln. Weltweit unterscheidet man neun verschiedene **Unterarten**. In Europa und Skandinavien lebt die Nominatform *A. f. flammeus*.

WISSENSWERTES Vielerorts sind Sumpfohreulen tagaktiv. Besonders zur Brutzeit kann man Sumpfohreulen auch tagsüber fliegend beobachten, wenn beide Elternvögel damit beschäftigt sind, Nahrung für die hungrigen Jungen zu beschaffen. Außerhalb der Brutsaison sind sie vor allem in der Abend- und Morgendämmerung aktiv. Den Tag verbringen sie dann, durch die Gefiederzeichnung gut getarnt, in hohem Gras, dichter Bodenvegetation und in selteneren Fällen auch in Bäumen.

Nördliche Populationen ziehen im Herbst nach Süden und überwintern in Gebieten, die sowohl ausreichend Nahrung, als auch ausreichend Deckung bieten. Häufig rasten sie in Wiesenbereichen oder lockeren, abgeknickten Schilfgebieten, gerne in Küstennähe. Wenn diese Überwinterungsgebiete eine stabile Mäusepopulation bieten, können die Sumpfohreulen Jahr für Jahr an die gleichen Rastplätze zurückkehren. Ansonsten wechseln sie die Überwinterungsgebiete

Am Boden sind Sumpfohreulen in trockener Vegetation perfekt getarnt. Foto F. Heintzenberg

Sumpfohreule im Flug. Die Beute wird sowohl optisch als auch akustisch geortet. Foto F. Heintzenberg

je nach Beuteangebot. Wie die Waldohreule überwintert auch diese Art gerne in lockeren Gruppen. Dabei rasten die Vögel in lockeren Trupps mit einigen Metern Abstand zueinander. Gelegentlich sitzen sie auch dicht gedrängt beieinander.

Im Spätwinter lösen sich die Rastbestände auf, und die Eulen ziehen nach Norden in ihre Brutgebiete. Dort leben sie ein streng territoriales Leben und verjagen aggressiv jeden Artgenossen, der in ihr Revier eindringt. Das Männchen versucht durch eindrucksvolle Balzflüge das Interesse eines Weibchens zu gewinnen. In betont langsamem Imponierflug und mit lauten Balzrufen steigt das Männchen kreisend bis in große Höhe. Die Flügelschläge sind dabei tief rudernd. Nach dem Höhepunkt fällt der Vogel steil nach unten ab und klatscht beim Sturzflug die Flügel aneinander. Der Sturz wird dann in der Luft abgefangen, und die Eule beginnt von neuem mit ausholenden Flügelschlägen in die Höhe zu kreisen.

Der Paarbildung folgt die **Brut**. Sumpfohreulen sind Bodenbrüter und gehören zu den wenigen Eulenarten, die regelrecht Nistmaterial zu einem Nest formen. Hierzu dient oftmals Gras. Das Gelege besteht aus 7–10 Eiern, die vom Weibchen alleine bebrütet werden, während das Männchen für den Beutefang sorgt. Nach 26 Bruttagen schlüpfen die Jungen. Da das Weibchen bereits nach Ablage des ersten Eies brütet und die Eier in einem Legeabstand von zwei Tagen legt, können die Geschwister einen Altersunterschied von bis zu zwei oder drei Wochen aufweisen. Die Jungeulen verlassen als Nestlinge bereits nach etwa zwei Wochen das Nest und wandern im Gras umher. Sie können regelrechte Tunnelsysteme in dichter Vegetation bauen und sind somit vor Fressfeinden aus der Luft gut geschützt. Nach etwa 25 Tagen machen sie ihre ersten, noch wackeligen Flugversuche. Sie werden aber noch bis in den Spätsommer von den Eltern versorgt und wandern im Frühherbst aus dem Brutgebiet ab. Durch Beringungen sind erstaunliche Strecken auf den herbstlichen Wanderungen festgestellt worden. Ein Jungvogel zog innerhalb weniger Wochen über 2000 Kilometer von Borkum nach Portugal. Auch größere Gewässer werden zur Zugzeit mutig überflogen. Auf der Hochseeinsel Helgoland gehören Sumpfohreulen im Herbst zu den regelmäßig dort rastenden Zugvögeln.

Zum Nahrungserwerb fliegt die Sumpfohreule flach gaukelnd, nahezu zeitlupenartig im niedrigen Suchflug über die Wiesenbereiche. Regelmäßig verharrt sie mit flachen rüttelnden Flügelschlägen an einer Stelle in der Luft, um eventuelle Nagetiere besser orten zu können. Nach einem systematischen Suchmuster werden so ganze Wiesenbereiche abgeflogen. In Gebieten mit Zaunpfählen und anderen Sitzwarten ist auch die Ansitzjagd verbreitet. Die Sumpfohreule lauscht dabei die Umgebung ab. Das geringste Rascheln einer Maus im Gras bewirkt, dass sie wie versteinert in die Richtung der Geräusch-

Auch durch eine dicke Schneedecke können Mäuse geortet und erbeutet werden. Foto F. Heintzenberg

84

Ein Beutetier ist entdeckt. Gespannt lauscht die Sumpfohreule nach leisen Geräuschen unter der Schneedecke. Foto F. Heintzenberg

quelle starrt. Falls das Geräusch optisch nicht zu lokalisieren ist, da die Maus z. B. unter einer dichten Schneedecke versteckt ist, können die Augen auch halb geschlossen werden. Nach dem Orten folgt der Jagdflug, wobei die Eule auch in der Luft rüttelnd verweilen kann, um die Geräuschquelle neu zu lokalisieren. Beutetiere können auch durch dichte Schneedecken sicher geortet und geschlagen werden. Bei der Jagd spielen sowohl das Sehen aber auch das Hören eine große Rolle. In manchen Gebieten, in denen Sumpfohreulen mit Turmfalken oder Krähenvögeln zusammenleben, fliegen die Eulen, nachdem sie eine Beute erlegt haben, mehrere hundert Meter in die Höhe, um die Konkurrenz dieser Arten zu vermeiden. Sobald die Maus in großer Höhe verzehrt worden ist, kehrt die Eule wieder in den Bodenbereich zurück.

Die **Nahrung** besteht in erster Linie aus Kleinnagern. Man hat einen Wühlmausanteil von bis zu 90 % feststellen können. Aber auch Waldmäuse werden gerne genommen. Da in den Biotopen der Sumpfohreule auch oftmals andere Nestflüchter, wie z. B. Limikolen brüten, werden auch Vögel, insbesondere Jungvögel, regelmäßig erbeutet.

Rufe Während der Brutzeit ist der Balzgesang des Männchens, ein relativ leises, dumpfes, aus 10−20 Silben bestehendes „bu-bu-bu…", zu vernehmen. Dieser Gesang kann sowohl im Sitzen als auch im Fliegen vorgetragen werden und ist dem Gesang des Wiedehopfes nicht unähnlich. Abseits des Brutgebietes sind Rufe nur selten zu hören. Am Winterrastplatz kann man jedoch bei Störungen regelmäßig ein kurzes, bellendes „wäk" oder ein Miauen hören.

Greifvögel

Fischadler *Pandion haliaetus*

Fischadler sind mittelgroße, relativ schlanke Greifvögel, die sich auf das Fangen lebender Fische spezialisiert haben. Sie brüten entlang klarer Seen und Meeresküsten mit Flachgewässern. Geschickt fangen sie Fische, die sie aus der Luft oftmals rüttelnd erspähen und durch Stoßtauchen erbeuten. Bei größeren Fischen verschwinden sie gelegentlich vollständig unter der Wasseroberfläche, um nach kurzer Zeit mit dem Fisch in den Krallen wieder aufzutauchen und an Land zu fliegen. Das gewaltige Nest wird in der Regel in einem hohen Baum gebaut. Im Herbst ziehen sie nach Süden, um überwiegend in Afrika zu überwintern.

KENNZEICHEN Länge 52−62 cm, Spannweite 152−167 cm, Gewicht 1450−2100 g. Fischadler sind mittelgroße Greifvögel mit langen schmalen Flügeln, wodurch sie einen großmöwenartigen Eindruck hinterlassen können. Unterseits sind sie weiß mit einem dunkleren Brustband, auf der Oberseite dunkel graubraun. Im Sitzen fällt insbesondere die Kopfzeichnung ins Auge. Fischadler haben einen weißen Kopf mit einem scharf abgesetzten, deutlichen dunklen Augenband, das sich hinter dem Auge bis auf den Nacken hinabzieht. Die Augen sind orange, der Schnabel bleigrau. **Im Flug** erscheinen die Flügel des Fischadlers wesentlich schmaler als bei vielen anderen Greifvogelarten. Dazu haben sie eine relativ lange „Hand" mit nur vier „Fingern", was diesen Eindruck noch verstärkt. Die Unterflügel sind hell mit einer Bänderung der Hand- und Armschwingen und einer schwarzen Flügelspitze. Der Schwanz erscheint sehr kurz und ist quer gebändert und gerade abgeschnitten. Im Gleitflug ist das Flügelgelenk leicht vorgeschoben und die Flügel sind schwach angewinkelt. Von vorne betrachtet zeigt die Silhouette eines Fischadlers deutlich abwärts gebogene Schwingen, was einer Mantelmöwe nicht unähnlich ist. Die **Altersbestimmung** des Fischadlers ist relativ einfach: Altvögel zeigen im Flug ein deutliches schwarzes Band auf der Flügelunterseite, das sich aus den großen Unterarmdecken ergibt, die schwarz sind. Dazu ist eine dunkle und relativ breite schwarze Schwanzendbinde auffällig. **Weibchen** haben ein deutlicher ausgeprägtes Brustband als die **Männchen**. **Jungvögel** haben gefleckte große Unterarmdecken und einen gleichmäßig, relativ dünn gebänderten Schwanz. Dazu zeigen die dunklen Federn des Rückengefieders helle Säume.

Rufe Außerhalb der Brutzeit sind Fischadler wenig ruffreudig. Während der Balz ist ein lautes, traurig anmutendes Pfeifen „ü-iilp ü-iilp ü-iilp ü-iilp" zu vernehmen. Im Balzflug lässt der Fischadler die Beine hängen. Störenfriede werden in Nestnähe mit lautstarken „kju-kju-kju-kju ..."-Warnrufen, die im Flug geäußert werden, empfangen.

VERBREITUNG UND LEBENSRAUM Fischadler sind weltweit sehr weit verbreitet. Sie kommen in Asien, Australien, Nordamerika und Europa vor. Der Großteil der europäischen Vorkommen erstreckt sich über Skandinavien und Osteuropa. Alleine in Schweden brüten etwa 3450 Paare, in Finnland etwa 1400 und in Norwegen 235 Paare. Der Bestand im europäischen Russland ist nur schwer einzuschätzen, es werden jedoch 2000 – 4000 Paare vermutet. Im dicht besiedelten Mitteleuropa ist der Fischadler ein relativ seltener Brutvogel, der lokal jedoch recht hohe Dichten erreichen kann. Alleine im Müritz-Nationalpark in Mecklenburg-Vorpommern brüten etwa 15 Fischadlerpaare, die im Jahr 2011 insgesamt 27 Junge aufgezogen haben. Mecklenburg-Vorpommern zählt mit knapp 200 Fischadlerpaaren zu einer Hochburg in Deutschland. Kleinere Bestände gibt es in Sachsen und Sachsen-Anhalt. Einzelne Paare leben auch in Niedersachsen und gelegentlich in anderen Bundesländern.

Fischadler mit erbeutetem Brachsen. Foto D. Nill

Rüttelnder Fisch-
adler im Jugend-
kleid. Foto
F. Heintzenberg

WISSENSWERTES Fischadler gehören zu den hochspezialisierten Greifvögeln, deren Nahrung ausschließlich aus Fischen besteht. Sie orten ihre Beute normalerweise aus der Luft oder von einem exponierten Ansitz aus. Im Such-flug werden größere Gebiete abgeflo-gen. Sobald ein Fisch lokalisiert ist, beginnt der Fischadler in der Luft zu rüt-teln, um die Beute genau anzupeilen. Mit flach angelegten Flügeln, um den Luftwiderstand zu minimieren, lässt sich der Fischadler im Sturzflug fallen und nähert sich rasant der Beute. Der Fisch wird mit den Krallen durch die Wasseroberfläche gegriffen. In klaren Seen und Meereslagunen funktioniert diese Jagdtechnik bis zu einer Wasser-tiefe von etwa einem Meter. Die Krallen sind so geformt, dass der Fischadler die Beute sicher greifen, jedoch nicht töten kann. Bei größeren Fischen kann das zu Problemen führen, da der Vogel von dem Fisch unter Wasser gezogen wer-den kann. Es kursieren alte Geschichten, die von großen Hechten erzählen, die ein Fischadlerskelett im Rücken verankert hatten. Diese Geschichten zählen zum „Anglerlatein", und es ist sehr zweifelhaft, dass es solche Fälle gegeben hat. Unerfahrene Fischadler können jedoch in seltenen Fällen beim Beutefang verunglücken, was jedoch zu den absoluten Ausnahmesituationen zählt. Normalerweise ge-lingt es dem Vogel, mit dem Fisch von der Wasseroberfläche aufzu-fliegen. In der Luft wird der noch lebende Fisch so gewendet, dass er mit dem Kopf voran getragen wird, um den Luftwiderstand zu verrin-gern. Der noch zappelnde Fisch wird an einen Kröpfplatz, in der Regel einen alten, toten Baum mit gutem Überblick auf die Umgebung, ge-tragen, dort getötet und gefressen. Die Annahme, dass Fischadler nur in klaren Gewässern jagen, hat sich in den vergangenen Jahren als falsch erwiesen. Telemetrische Untersuchungen haben ergeben, dass trübe Gewässer ebenso für den Fischfang genutzt werden können.

Brut Fischadler bauen riesige Horste, normalerweise in Baumkro-nen und häufig völlig frei sichtbar. In Gegenden mit hohen Fischadlerdichten werden auch Hochspannungsmasten, Felsnischen und Telefonmasten angenommen. In vielen Gebieten der USA hat man Fischadler-Brutplattformen auf Telegrafenmasten aufgestellt, die mit Erfolg angenommen werden. Die Geschlechtsreife wird im dritten Lebensjahr erreicht. In manchen Gegenden mit einer hohen Fischadlerdichte kann sich der Brutbeginn jedoch verzögern, da alle geeigneten Nistplätze von älteren Paaren belegt sind. Die gerade geschlechtsreifen und noch relativ unerfahrenen Vögel können gebietsweise erst ab dem fünften bis siebten Lebensjahr stark genug sein, um ein solches Revier zu übernehmen. Fischadler legen 2–3 Eier, die, für Greifvögel recht ungewöhnlich, nicht weiß, sondern cremefarben bräunlich gesprenkelt sind. In dem oftmals offen

Der Horst des Fischadlers wird fast immer oben auf der Krone eines Baumes gebaut. Foto D. Nill

exponierten Nest des Fischadlers sind sie somit relativ gut getarnt. Die Brutdauer beträgt 30 – 41 Tage. Nach einer Nestlingszeit von 50 – 54 Tagen sind die Jungen flügge, werden jedoch noch bis zu acht Wochen lang von ihren Eltern versorgt. Der Bruterfolg ist mit 1,7 Jungen pro Fischadlerpaar in Mitteleuropa relativ hoch. Gelegentlich fallen Jungvögel im Nest einem Habicht, Uhu oder Seeadler zum Opfer. In manchen Gegenden können kletternde Baummarder und in Skandinavien auch Vielfraße die Brut bedrohen. Diese können jedoch von den Altvögeln durch rasante Luftattacken vertrieben werden. Fischadler erreichen ein Maximalalter von etwa 25 Jahren.

Fischadler haben über viele Jahre hinweg in weiten Teilen Europas einen Vernichtungsfeldzug erleben müssen. Da sie auf den Fischfang spezialisiert sind, galten sie lange Zeit als Konkurrenz für Berufsfischer und Fischzüchter. Wenn man sich das Beutespektrum der Adler jedoch genauer ansieht, merkt man relativ schnell, dass der Fischadler nur häufige Arten und in erster Linie wirtschaftlich völlig uninteressante Fische fängt und frisst. Eine ernsthafte Konkurrenz zur Berufsfischerei hat es daher nicht wirklich oder nur in Einzelfällen gegeben. Trotz alledem war es einfach, den Fischadler zum wehrlosen Sündenbock zu machen und an den Rand des Aussterbens zu

Kurz vor dem Durchstoßen der Wasseroberfläche wird die „Nickhaut" des Auges geschlossen. Foto D. Nill

Adultes Fischadlermännchen. Im Gleitflug streckt der Fischadler die Handgelenke vor und hält die Flügelspitzen schräg nach hinten angewinkelt. Foto F. Heintzenberg

bringen. Diese Sündenbockpolitik, bei der einzelnen Tierarten die volle Verantwortung für eigentlich durch Menschen verursachte Bestandsschwankungen anderer Arten zugeschoben wird, ist keineswegs neu. Heutzutage sind Habichte, Wölfe, Krähen, Elstern oder Kormorane Sündenbocke für Jäger, Fischer und andere Interessengruppen und bezahlen diese unfreiwillige Rolle nicht selten mit dem Leben. Der Fischadler ist jedoch in Deutschland streng geschützt. Auch die Horstbäume, die für die Bestandssicherung eine zentrale Rolle spielen, genießen strengen Schutz. Wie für einige andere Greifvogelarten auch sind Horstschutzzonen errichtet worden, die eine Annäherung an das Nest regeln und Änderungen in der Landschaft in einem Umkreis mit einem Radius von 100 m untersagen. In manchen europäischen Ländern werden Fischadler auch heute noch als Fischereischädlinge angesehen und illegal bejagt. Kaum fingen die Bestände nach einem Verbot der Jagd auf Fischadler in der zweiten Hälfte des 20. Jahrhunderts an, sich wieder zu erholen, erlitten sie durch die Einführung des Insektenschutzmittels DDT harte Rückschläge. An der Spitze der Nahrungskette stehend, sammeln sich im Körper des Fischadlers verschiedene Umweltgifte in besonders hohen Konzentrationen, was den Tod des Vogels zur Folge haben kann. Das Insektizid hat die katastrophale Nebenwirkung, dass es die Eierschalen brütender Greifvögel dünner geraten lässt und diese bei der Brut Risse bekommen oder ganz zerstört werden. Seit 1972 ist die Anwendung von DDT in Deutschland verboten, was für viele Greifvögel eine Bestandszunahme zur Folge hatte. Auch die Bestände des Fischadlers haben sich aufgrund dieses Verbotes sowie verschärfter Schutzmaßnahmen in Deutschland wieder erholt.

Bartgeier *Gypaetus barbatus*

Bartgeier zählen mit einer Flügelspannweite von bis zu 2,9 m zu den größten flugfähigen Vögeln der Erde. Sie brüten vereinzelt in entlegenen Bergregionen und sind mit 225–250 Paaren eine der seltensten Brutvogelarten Europas. Über viele Jahrzehnte hinweg sind Bartgeier rigoros bejagt worden, bis sie zu Anfang des 20. Jahrhunderts in den Alpen ausgestorben waren. Erst in den 1970er Jahren fiel der Startschuss zu einem erfolgreichen Wiederansiedlungsprojekt. Heutzutage kann man den mächtigen Greifvogel wieder selten in der Alpenregion beobachten, wo die dort lebenden 80 Vögel einen strengen Schutz genießen. Der Bartgeier hat sich im Laufe der Evolution auf eine besondere Nahrung – Knochen – spezialisiert, deren Mark er frisst. Auf diese Weise vermeidet er die Konkurrenz vieler anderer Greifvogelarten und erscheint erst lange Zeit nach anderen Geierarten an einem Aas.

KENNZEICHEN Länge 105–125 cm, Spannweite 235–290 cm, Gewicht 5000–6900 g. Bartgeier fallen nicht nur aufgrund ihrer imposanten Größe auf. Besonders auffallend sind auch die borstenartigen Federn, die beiderseits des Schnabels herabhängen und an einen Schnurrbart erinnern, was der Art den deutschen Namen gab. Der Kopf und die Unterseite sind überwiegend gelblichweiß gefärbt, können jedoch auch bis zu rostrot variieren. Die rötliche Gefiederfärbung bekommt der Bartgeier, indem er in rotem, eisenoxidhaltigem Sand ein Staubbad nimmt. Die Oberseite ist komplett dunkel schiefergrau gefärbt und hat ein perlgraues Tropfenmuster. Die Augen sind gelb und von einem roten Hautring umgeben, der bei Erregung intensiver rot leuchtet. Im Flug fallen die relativ spitzen und schmalen Flügel auf. Der Schwanz ist für einen Greifvogel ungewöhnlich lang und läuft zur Spitze hin keilförmig zu. Am Himmel kreisende Bartgeier ähneln einem fliegenden Kreuz. **Männchen** und **Weibchen** sind gleich gefärbt. **Jungvögel** haben ein nahezu komplett dunkles Körpergefieder und tragen erst in einem Alter von etwa sieben Jahren das typische Alterskleid.

VERBREITUNG UND LEBENSRAUM Bartgeier sind alpine Vögel, die in den hohen Bergregionen oberhalb der Baumgrenze in etwa 1500–3000 Metern Höhe zu Hause sind. In Europa leben sie in den Pyrenäen, den Alpen und einigen Bergregionen Südeuropas. Wichtige

Bestandteile ihres Lebensraumes sind die Beutegreifer wie Wolf, Bär, Luchs oder Steinadler, die Beutetiere schlagen können, deren Knochen Bartgeier dann verwerten. In Europa leben etwa 240 Paare des Bartgeiers.

WISSENSWERTES Bartgeier gehören zu den ausgesprochenen Beutespezialisten. Sie ernähren sich zu etwa 80 % von Knochen. Auch große Knochen mit einer Länge von bis zu 18 cm und einer Breite von 3 cm können als Ganzes geschluckt werden. Größere Knochen werden im Flug in eine Höhe von bis zu 80 m getragen und von dort aus auf eine Felsklippe fallen gelassen. Die zersplitterten Knochenteile werden danach gefressen. Diese Nahrungsnische wird dem Bartgeier von keinem anderen größeren Tier streitig gemacht. Bartgeier brüten verhältnismäßig früh. Die beiden Eier werden bereits im Dezember oder Januar gelegt, wenn das alpine Brutgebiet noch unter einer dichten Schneedecke liegt. Daher brüten Bartgeier oftmals in Nischen oder Halbhöhlen, die Schutz vor den kalten Temperaturen bieten. Die frühe Brut hat den Vorteil, dass die Jungen genau dann schlüpfen,

Adulter Bartgeier. Foto F. Heintzenberg

wenn die Schneeschmelze im März zahlreiche Tierkadaver freilegt. Die Elternvögel können dann ausreichend Nahrung für ihre Jungen finden. Früher wurden Bartgeier aufgrund von Aberglauben und Unwissenheit in Europa bis an den Rand des Aussterbens gebracht. Sie wurden bejagt, vergiftet und ihre Nester wurden zerstört. Seit 1913 galt der Bartgeier in den Alpen als ausgestorben. Im Jahre 1973 wurde eine internationale Gruppe mit dem Ziel, den Bartgeier in den Alpen wieder heimisch zu machen, ins Leben gerufen. Erst 13 Jahre später, im Jahre 1986, wurden die ersten jungen Bartgeier, die in Gefangenschaft geschlüpft waren, in einem Kunstnest ausgesetzt. Sie wurden ohne menschlichen Kontakt bis zum Flüggewerden gefüttert. Auch nach dem Verlassen des Nestes hat man ihnen zu Anfang noch Nahrung ausgelegt, um ihr Überleben zu sichern. Bis zum Jahre 2005 sind insgesamt 137 Bartgeier in den Alpen ausgewildert worden. Sie haben in den vergangenen Jahren vielfach erfolgreich gebrütet. So sind im Jahre 2011 schon 14 junge Bartgeier in 23 Brutrevieren in den Alpen flügge geworden. Leider gibt es in der Erfolgsgeschichte der Wiederansiedlung auch Rückschläge. So ist im Jahre 1997 ein Schweizer Jäger zu einer Bewährungsstrafe von zehn Tagen und einer Geldbuße von 20 000 Schweizer Franken verurteilt worden, weil er ein Bartgeierweibchen geschossen hatte. Insgesamt scheint der Bartgeier in den Alpen aber eine Zukunft zu haben.

Wespenbussard *Pernis apivorus*

Wespenbussarde sind Zugvögel, die den Winter im tropischen Afrika verbringen. Sie erscheinen erst im Mai in ihren Brutgebieten. Vor allem auf dem Herbstzug kann man sie auch in größeren Trupps beobachten, die hoch am Himmel kreisen. Zur Brutzeit sind sie Einzelgänger. Ihre Hauptnahrung sind Wespenlarven, die aus Erdnestern gegraben werden. Aber auch andere Insektenlarven, Reptilien, Nestlinge von Kleinvögeln und Würmer werden erbeutet.

KENNZEICHEN Länge 52–59 cm, Spannweite 113–135 cm, Gewicht 960–1360 g. Wespenbussarde ähneln Mäusebussarden in Größe und Aussehen und werden oft mit ihnen verwechselt. Sie sind jedoch etwas schlanker gebaut, und haben im Flug einen längeren Schwanz, einen längeren Hals und schmalere Flügel. Im Gleitflug von vorne betrachtet zeigt das Flugbild leicht nach unten gebogene Flügel, denen der Bugknick des Mäusebussards fehlt. Aus der Nähe betrachtet fallen drei Schwanzbinden auf, die für diese Art typisch sind. Zwei dünnere Schwanzbinden sind nahe der Schwanzwurzel sowie eine breitere Binde am Ende des Schwanzes zu sehen. Die Schwanzecken sind im Vergleich zum Mäusebussard leicht abgerundet. Die Gefiederfärbung variiert stark. Es gibt verschiedene **Farbmorphen**, eine dunkle, mitteldunkle, rötliche und eine helle Morphe. Daneben gibt es auch Übergänge zwischen diesen Farbvarianten, so dass Wespenbussarde sehr verschieden gezeichnet sein können. Bei den Altvögeln können Männchen und Weibchen bestimmt werden, was bei Jungvögeln nicht möglich ist. Adulte **Männchen** haben recht lange Handflügel und einen recht langen Schwanz. Die Spitzen der Handschwingen sind scharf schwarz abgesetzt und kontrastieren mit der helleren Handschwingenbasis. Insgesamt ist der Unterflügel wesentlich weniger gebändert als beim Weibchen, und die innere Hand wirkt hell, durchscheinend. Der Kopf und die Schwanzoberseite sind blaugrau, der Rücken braungrau. Je nach Farbmorphe können Körperunterseite und Unterflügeldecken von Dunkelbraun bis fast ganz Weiß variieren. **Weibchen** sind insgesamt stärker gebändert als Männchen. Vor allem Arm- und Handbereich wirken durch eine deutlichere Querbänderung auf schmutzigbraunem Untergrund dunkler. Ein weiteres Unterscheidungsmerkmal vom Männchen ist die etwas engere Bänderung im Armschwingen- und Steuerfederbereich. Die Oberseite und der Kopf sind deutlich bräunlicher als beim Männchen. Auch die

Weibchen unterscheiden sich in der Färbung des Körpergefieders je nach Farbmorphe. Bei Altvögeln beider Geschlechter ist die Wachshaut grau, sind die Beine gelb und die Iris dunkel. **Jungvögel** sind insgesamt dunkler als die Altvögel gefärbt. Sie ähneln in der Körperstruktur eher einem Mäusebussard, da sowohl Handflügel als auch Schwanz etwas kürzer sind als bei adulten Wespenbussarden. Die Schwungfedern sind dichter gebändert als bei den Altvögeln und zeigen 4–5 Bänder anstatt 2–3. Auf dem Unterflügel bilden die Großen Unterflügeldecken oftmals den hellsten Bereich des Unterflügels. Jungvögel haben im Gegensatz zu Altvögeln eine dunkle Iris und tragen eine dunkle Augenmaske, die besonders bei Individuen der helleren Morphen in Erscheinung tritt.

VERBREITUNG UND LEBENSRAUM Wespenbussarde sind über fast ganz Europa verbreitet und fehlen als Brutvogel nur im südlichen Teil der Iberischen Halbinsel, in Nordskandinavien und in weiten Gebieten der Britischen Inseln. In Südspanien und Südportugal treten Wespenbussarde jedoch zur Zugzeit als Durchzügler auf. In Europa brüten etwa 130 000 Paare, davon die Hälfte in Russland. Die Vorkommen sind jedoch aus zwei Gründen nur schwierig zu erfassen und werden daher vermutlich unterschätzt. Zum einen kommen Wespenbussarde erst relativ spät im Mai aus dem Überwinterungsgebiet zurück, zum anderen ist das Verwechslungsrisiko mit Mäusebussarden recht hoch, so dass vermutlich viele brütende Wespenbussarde übersehen werden. In Deutschland kommen etwa 4900 Paare vor, die größte Population Mitteleuropas. Ähnlich große Bestände leben in den skandinavischen Ländern. So brüten etwa 2500 Paare in Finnland und 6000 Paare in Schweden. Diese Vögel ziehen größtenteils im Herbst und Frühjahr über Deutschland hinweg. Wespenbussarde bevorzugen reich strukturierte Lebensräume und brüten in Wäldern, gerne in der Nähe des Waldrandes.

Zur Nahrungssuche suchen sie die verschiedenartigsten Biotope auf und können sowohl in der offenen Landschaft als auch in höheren Gebirgsregionen nach Nahrung suchen. In den Alpen brütet der Wespenbussard bis hinauf zur Baumgrenze. Es sind neben der Nominatform *P. a. apivorus* keine weiteren **Unterarten** bekannt.

WISSENSWERTES Der Wespenbussard hat seinen deutschen Namen nach seiner Hauptnahrung erhalten. Er ernährt sich überwiegend von Wespenlarven und -puppen, die er geschickt mit den Füßen und dem Schnabel ausgräbt. Dabei kann er bis zu 40 cm tief ins Erdreich eindringen. Bei der Ausgrabungsarbeit wird der Vogel dicht von den aufgeregten Wespen umschwärmt. Aufgrund des sehr dichten Federkleides und der Hornplatten an Füßen und Zehen können die Wespen den Bussard jedoch kaum stechen. Insbesondere um den Schnabel herum ist die Befiederung besonders verhärtet, was dem Vogel Schutz gegen die stechenden Insekten gibt. Einmal freigelegt, reißt er die Waben aus dem Nest heraus, um sie entweder gleich vor Ort zu verzehren oder sie zu den Jungen am Horst zu bringen. Insbesondere

Adultes Wespenbussardmännchen mit einer Wabe eines Wespennests. Foto H. Vollmer

zur Aufzuchtszeit der Jungen leben Wespenbussarde überwiegend von Wespen. Da Wespen erst im Sommerhalbjahr ihre Nester fertigstellen und dann in großer Anzahl vorkommen, kehrt der Bussard auch erst im späten Frühjahr aus dem Winterquartier zurück. Im Englischen und im Schwedischen wird der Wespenbussard Honigbussard (Honey Buzzard) bzw. Bienenbussard (Bivråk) genannt, was auch auf die Nahrung anspielt. Allerdings kommen Bienen im Vergleich zu Wespen nur relativ selten unter den Beutetieren vor. Wespen machen etwa 75 % der Nahrung im mitteleuropäischen Brutgebiet aus. Andere Insekten, die gerne erbeutet werden, sind Erdhummeln. Der Speiseplan ist durchaus vielseitig: Neben Insekten werden auch Frösche, Eidechsen, Regenwürmer und im Spätsommer auch reife Früchte wie z. B. Kirschen verzehrt.

Zur **Zugzeit** kann es zu großen Ansammlungen von Wespenbussarden kommen. Wespenbussarde ziehen gerne in lockeren Trupps, die in Gebieten, wo Zugengpässe auftreten, bis zu mehreren tausend Vögeln zählen können. Bekannte Zugvogelknotenpunkte, wo größere Wespenbussard-Ansammlungen beobachtet werden können, sind in erster Linie die Halbinsel Falsterbo in Südwestschweden, über die ein Großteil der Skandinavischen Wespenbussardpopulation nach Süden zieht, sowie die „Straße von Messina" (Süditalien bei Sizilien), der Bosporus und Israel. In Deutschland können größere Trupps von

Adultes Wespenbussardmännchen beim Trinken. Foto B. Mate

Wespenbussarden vor allem am Grünen Brink auf Fehmarn beobachtet werden. Diese Ansammlungen von Wespenbussarden und anderen größeren Greifvögeln entstehen, weil große Greifvögel in erster
Linie im Gleitflug ziehen. Sie kreisen mit Hilfe von thermischen Aufwinden in die Höhe und gleiten dann über mehrere Kilometer in die
gewünschte Zugrichtung. Die Thermik kommt dadurch zustande,
dass die Sonne den Boden erwärmt und die gleichzeitig erwärmte
Luft in Bodennähe aufsteigt, was die Greifvögel geschickt ausnutzen.
Auf diese Weise können sie fast ohne jeglichen Energieaufwand
schnell große Strecken überwinden. Nur hohe Gebirge und vor allem
große Wasserflächen wie z. B. der Öresund zwischen Falsterbo in
Südschweden und Dänemark sowie der Fehmarnbelt nördlich des
Grünen Brinks stellen natürliche Barrieren auf den Zugwegen dar.
Mit großer Vorsicht und nur bei sonnigem Wetter können diese Ge-
wässer im Segel- und Gleitflug überquert werden. Große Greifvögel
wie der Wespenbussard sind zu schwer und haben im Verhältnis zum
Körpergewicht zu breite Flügel, um mit aktiven Flügelschlägen lange
Strecken über das Meer fliegen zu können. Greifvögel, die sich beim
Überqueren von großen Gewässern verschätzen, müssen entweder
kehrtmachen oder gehen das Risiko ein, im Wasser landen zu müssen
und zu ertrinken.

Jungvögel bleiben in der Regel bis zur Geschlechtsreife im dritten
Lebensjahr in Afrika. Auch nach dem ersten Zug zurück ins **Brut**gebiet brüten die Wespenbussarde in der Regel noch nicht, sondern
erkunden im ersten Jahr zunächst die Gegebenheiten. Sobald die
Wespenbussarde ab dem dritten oder vierten Lebensjahr am Brut-

platz verpaart sind, wird ein Horst gebaut. Gelegentlich dienen die Horste anderer Greifvögel dazu als Unterlage. Das Nest ist für einen Bussard relativ klein und wird fast ausnahmslos in Laubbäumen errichtet. Der Horst wird während der Brutzeit immer neu mit frischen grünen Zweigen ausgelegt. Dies hat vermutlich hygienische Gründe, um den Kot der Jungvögel zu überdecken. In der Regel werden gegen Ende Mai oder Anfang Juni zwei Eier gelegt. Beide Partner brüten etwa 34 Tage lang. Nachdem die Jungen geschlüpft sind, ist hauptsächlich das Männchen für die Nahrungsbeschaffung verantwortlich, während das Weibchen hudert. Später sorgt auch das Weibchen für Nahrung. Im Alter von 40–48 Tagen können die Jungen erste Flugversuche machen. Sie werden nur noch kurze Zeit mit Nahrung versorgt. Nicht selten übernimmt ein Elternteil die Fütterung der flüggen Jungen, während der andere gegen Ende August bereits wieder nach Afrika zieht. Beringungsergebnissen zufolge können Wespenbussarde in freier Natur bis zu 29 Jahre alt werden.

Adultes Wespenbussardweibchen. Altvögel haben eine gelbe Iris. Foto T. Pröhl

Gleitaar *Elanus caeruleus*

Gleitaare sind aufgrund ihres Aussehens und ihrer Lebensweise unverwechselbar. Sie ähneln einem grauen Falken, der häufig zur Nahrungssuche rüttelt. Ihr Hauptverbreitungsgebiet erstreckt sich über weite Teile Afrikas. In Europa sind sie selten und bewohnen nur sehr lokal Halbwüsten und Steppenlandschaften in Teilen der Iberischen Halbinsel sowie Frankreichs.

KENNZEICHEN Länge 31–36 cm, Spannweite 71–85 cm, Gewicht 200–300 g. Gleitaare sind etwa turmfalkengroße Greifvögel, die im Gleitflug die Flügel weihenartig anheben. Auf der Nahrungssuche rütteln sie regelmäßig, jedoch etwas langsamer als ein Turmfalke. **Altvögel** sind relativ einfach an der blaugrauen Körperfärbung sowie der schwarzen Handschwingen-Unterseite und der schwarzen Mittleren und Kleinen Oberflügeldecken zu bestimmen. Der Schwanz ist relativ kurz, die Augen sind leuchtend rot, die Beine gelb. **Jungvögel**

Gleitaar. Kennzeichnend sind die roten Augen. Foto F. Heintzenberg

zeigen auf dem Rücken ein weißliches Schuppenmuster sowie helle Spitzen der Großen Oberflügeldecken. Die schwarzen Oberflügeldecken sind blasser schwarz gefärbt als bei Altvögeln. Die Brust zeigt einen rostfarbenen Fleck.

VERBREITUNG UND LEBENSRAUM
Das Hauptverbreitungsgebiet dieser Art liegt außerhalb Europas in Afrika südlich der Sahara, sowie in weiten Teilen Asiens. Das kleine europäische Vorkommen ist somit ein nordwestlicher Ausläufer der afrikanischen Population. Etwa 1300 Paare brüten in Spanien und in Portugal, sowie 49 Paare in Frankreich (Stand 2010). Somit ist der gesamteuropäische Bestand nicht größer als 1200 Brutpaare. Hauptgrund für den nur kleinen europäischen Bestand dieser Art ist ihr spezieller Lebensraumanspruch. Die kleine europäische Population breitet sich seit einiger Zeit nach Nordosten aus.

Gleitaar auf der Ansitzwarte. Foto F. Heintzenberg

Das französische Brutvorkommen ist erst seit dem Jahre 1990 bekannt. Der Gleitaar lebt überwiegend in Savannen, Steppen und Halbwüsten, die in Europa nur im äußersten Südwesten zu finden sind. Auf der Iberischen Halbinsel hat sich die Art an die Kultursteppen Spaniens und Portugals angepasst. Einzelne Bäume dienen als Sitzwarten. Von den weltweit vier **Unterarten** brütet nur die Nominatform *E. c. caeruleus* in Europa.

WISSENSWERTES Auf der Nahrungssuche segeln Gleitaare weihenartig mit deutlich angehobenen Flügeln flach über den Boden. Sobald ein mögliches Beutetier entdeckt worden ist, beginnt der Vogel wie ein Turmfalke in der Luft zu rütteln und fängt die Beute im Sturzflug am Boden. Zur Nahrung zählen hauptsächlich Kleinsäuger, daneben Kleinvögel und Reptilien. Gegen Ende Februar beginnt die **Brut**zeit. Das Nest wird jedes Jahr neu errichtet und enthält in der Regel 3−4 Eier, die überwiegend vom Weibchen bebrütet werden. Die Brutzeit beträgt etwa 30−33 Tage. Nach einer Nestlingszeit von 30−35 Tagen sind die Jungen flügge. Europäische Gleitaare sind Standvögel. Jungvögel streifen nach der Brut umher.

Rotmilan *Milvus milvus*

*Rotmilane sind elegante Greifvögel, die aufgrund des langen gega-
belten Schwanzes und der schlanken Körperstruktur früher vielfach
auch „Gabelweihen" genannt wurden. Sie zählen jedoch nicht zu
den echten Weihen, daher hat sich der Name Rotmilan durchge-
setzt. Sie gehören zu den Flugakrobaten unter den Greifvögeln, die
geschickt anderen Vögeln in rasantem Verfolgungsflug die Beute
abjagen oder im Vorbeifliegen lässig eine Maus fangen können,
ohne auch nur den Boden zu berühren. Sie leben in reich strukturier-
ten, landwirtschaftlich genutzten Gebieten. Ein Teil der deutschen
Rotmilane zieht im Winter nach Frankreich und Spanien.*

KENNZEICHEN Länge 60 – 73 cm, Spannweite 154 – 170 cm, Gewicht
870 – 1390 g. Rotmilane sind mittelgroße Greifvögel, die aufgrund des
verhältnismäßig langen Schwanzes und der langen, recht schlanken
Flügel deutlich größer als ein Bussard wirken. Man kann sie am ehesten im Fluge beobachten. Dabei fällt der überlange, oberseits rostrote, tief gegabelte Schwanz auf, der im Flug als Steuer dient und je
nach Flugweise seitlich abgewinkelt werden kann, was im Flug auch
aus großer Entfernung auffällt. Die Flügel sind verhältnismäßig lang,
gleichmäßig breit und haben eine deutlich längere „Hand" als ein
Mäusebussard. Auf der Flügelunterseite ist im Handbereich ein großes weißliches Flügelfeld zu erkennen. Die Flügelform ähnelt der
einer Rohrweihe, jedoch sind die Flügelspitzen oftmals leicht angewinkelt. Aus der Entfernung wirkt ein fliegender Rotmilan etwas
buckelig. Er lässt den Schwanz und den Kopf im Fluge leicht hängen.
Dieser Eindruck wird auch dadurch verstärkt, dass der Handbereich
des Flügels oftmals leicht herabhängt. Erfahrene Vogelbeobachter
können aufgrund des arttypischen Flugbildes diese Art auch mit
bloßem Auge auf mehrere Kilometer Entfernung bestimmen. Auch im
Sitzen fällt der lange Schwanz auf, der die Flügelspitzen überragt.
Das gesamte Körpergefieder ist rostfarben, wobei die Unterseite
intensiver rötlich als die Oberseite gefärbt ist. Unterseits sowie auf
dem Hals und Flügel haben die Federn dunkle Schaftstriche. Der Kopf
ist hellgrau und fein dunkel gestrichelt. **Männchen** und **Weibchen**
können im Freiland nicht unterschieden werden. **Jungvögel** haben
eine heller beigebraune Unterseite, ohne die intensiven Rosttöne
eines Altvogels. Dazu sind die Großen Oberflügeldecken hell gesäumt.
Die Augen und die Füße sind gelb. **Ähnliche Arten** sind andere mittel-

große Greifvogelarten wie Schwarzmilan oder Mäusebussard.

VERBREITUNG UND LEBENSRAUM Rotmilane brüten in Europa in einem relativ begrenzten Gebiet, das sich von der Iberischen Halbinsel über Südwestfrankreich, Deutschland bis hin nach Südschweden und Weißrussland erstreckt. Der Weltbestand dieser Art wird auf ungefähr 24 000 Brutpaare geschätzt. In Deutschland ist die Art weit verbreitet und erreicht hier mit etwa 12 000 Paaren 50 % des weltweiten Bestandes. Keine andere Vogelart brütet mit einem derart großen Anteil ihres Weltbestandes in Deutschland. Daher tragen die mitteleuropäischen Länder, insbesondere Deutschland, eine besondere Verantwortung für das Überleben dieser Art. In Deutschland brütet der Rotmilan vom Alpenrand bis hin nach Schleswig-Holstein und fehlt nur im äußersten Nordwesten des Landes. Seit der politischen Wende im Osten Deutschlands ist dort die Landwirtschaft weitgehend umgestellt und modernisiert worden, was auch die ostdeutschen Rotmilanbestände

Junger Rotmilan auf einer Jagdwarte. Foto F. Heintzenberg

reduziert hat. Einst hat der elegante Greifvogel in der DDR gute Nahrungsgrundlagen gehabt, die jedoch durch die intensiven Veränderungen in der Landwirtschaft nach der Wende stark reduziert wurden. In manchen Gegenden sind die Bestände um bis zu 40 % zurückgegangen. Europaweit gibt es gebietsweise aber auch positive Trends zu vermerken. In der Schweiz ist der Bestand seit 1969 von nur 90 Paaren auf über 1000 Paare angestiegen. Auch die südschwedische Population ist infolge einer langen Reihe milder Winter sowie der Umstellung des Nahrungsangebots auf Müllkippen von etwa 50 Paaren auf über 1800 Paare angestiegen. Der **Lebensraum** des Rotmilans ist die reich strukturierte, offene Kulturlandschaft mit alten Feldgehölzen, Wiesen und Feldern. Größere Waldgebiete sowie Höhenlagen von über 1000 m werden nur in Ausnahmefällen angenommen.

Weltweit sind zwei **Unterarten** bekannt, von denen nur die Nominatform *M. m. milvus* in weiten Teilen Kontinentaleuropas brütet. Die endemische Unterart *M. m. fasciicauda* (Kapverden-Milan) kommt nur noch sehr selten auf der Insel Santo Antao auf den Kapverdischen Inseln vor und ist akut vom Aussterben bedroht.

WISSENSWERTES Rotmilane gehören zu den wenigen Greifvogelarten, die an gemeinsamen Schlafplätzen übernachten. Nach der Brutzeit ab dem Spätsommer fallen an diesen Gemeinschaftsschlafbäumen bis über hundert Milane ein, um dort gemeinsam zu übernachten. Breits am späten Nachmittag landen die ersten Vögel auf den Schlafbäumen. In manchen Gegenden werden diese Gemeinschaftsschlafplätze von Nichtbrütern auch während der Brutzeit angeflogen. Es wird vermutet, dass die Schlafgruppe den einzelnen Individuen während der Nacht erhöhte Sicherheit bietet. Feinde werden durch die Ansammlungen vieler Vögel unter Umständen früher wahrgenommen, außerdem verringert sich die Wahrscheinlichkeit

Adulter Rotmilan am Nest. Foto P. Zeininger

Links: Rotmilane sind Flugakrobaten unter den Greifvögeln. Das Bild zeigt einen Altvogel. Foto F. Heintzenberg

Rechts: Adulter Rotmilan. Im Flug fällt der gegabelte Schwanz des Rotmilans auf. Foto F. Heintzenberg

und damit das Risiko für jedes einzelne Individuum, nachts z. B. von einem Uhu überrascht und erbeutet zu werden.

Tagsüber sind zwei deutliche Aktivitätsmaxima auffällig. Vormittags erstreckt sich die Hauptaktivität auf die Stunden von etwa 10 Uhr bis 12 Uhr. Während dieser Stunden wird intensiv nach Nahrung gesucht. Über Mittag wird eine Pause eingelegt – in der Regel sitzend in der Krone eines höheren Baumes – um dann am späteren Nachmittag gegen 16 Uhr wieder neu aktiv zu werden. Gegen 18 Uhr ist die abendliche Beutejagd dann normalerweise abgeschlossen und der Schlafplatz wird angeflogen. Rotmilane haben eine interessante Jagdtechnik. Sie fliegen während der aktiven Jagdzeiten große Gebiete ab. Dazu nutzen sie, wie andere Greifvögel auch, die Aufwinde, um nahezu schwerelos im Gleitflug die Landschaft nach Beutetieren abzusuchen. Wird ein Beutetier entdeckt, wird es in der Regel im Vorbeifliegen mit den Füßen gegriffen, ohne überhaupt auf dem Boden zu landen. Zur Nahrung gehören Kleinnager wie z. B. Wühlmäuse, aber auch Vögel und Aas. Gerne werden zur Erntezeit Felder und Wiesen abgeflogen, die gerade abgeerntet oder gepflügt werden. Hauptsächlich werden durch Erntemaschinen verletzte oder frisch getötete Tiere gegriffen. Dabei patrouillieren die Milane dicht hinter dem Traktor und jagen auch Möwen und Krähen die Nahrung ab, sobald diese etwas gefunden haben. Milane sind jedoch sehr vielseitig, was die Wahl der Nahrung betrifft. Sie können besonders im zeitigen Frühjahr oder im Herbst ihre Nahrung fast vollständig auf Regenwürmer umstellen, die zu Fuß erbeutet werden. Gegen Ende des 20. Jahrhunderts hat die Art es gelernt, auch Müllkippen als Nahrungsplätze zu nutzen. Mit Recht kann man daher behaupten, dass der Rotmilan ein Kulturfolger ist, der nicht nur direkt die Ressourcen des Menschen auszunutzen vermag, sondern auch von der Gestaltung eines vielseitigen Lebensraums profitiert.

Die **Brut** beginnt in der Regel gegen Ende Februar oder Anfang März. Rotmilane brüten normalerweise erst in einem Alter von zwei Jahren. Während der Balz markieren beide Partner durch gemeinsame Flugspiele, dass ihr Revier bereits besetzt ist. Gemeinsam schweben sie über dem Horstbereich und vollenden ihre Balz mit spektakulären Sturzflügen in direkter Brutplatznähe. Der Horst wird oftmals hoch in der Astgabel eines älteren Baumes angelegt, in der Regel in der Randzone eines lichteren Waldes. Auch kleinste Feldgehölze mit Altbeständen von Buche, Eiche, Kiefer oder Ulme werden als Brutplatz gerne angenommen. In manchen Gebieten, in denen eine gute Nahrungsgrundlage vorhanden, die Zahl der Waldgebiete aber begrenzt ist, kann es zu sehr hohen Brutdichten kommen. Bis zu zehn Brutpaare pro Quadratkilometer hat man in der Magdeburger Börde nachweisen können. Rotmilane sind somit weitaus weniger territorial als viele andere Greifvogelarten. Gegen Ende März findet die Eiablage statt. Das Weibchen legt 2 – 4 Eier, die überwiegend vom Weibchen bebrütet werden. Das Männchen sorgt für die Nahrung und kann das Weibchen in Einzelfällen bei der Brut ablösen. Nach etwa 32 – 33 Tagen schlüpfen die Jungen, die während der ersten 2 – 3 Wochen vom Weibchen bewacht und gehudert werden. Danach beteiligt sich auch das Weibchen an der Suche nach Nahrung. Nach einer Nestlingszeit von 48 – 54 Tagen sind die Jungvögel flügge und verlassen den Horst. Sie werden noch etwa weitere drei Wochen von ihren Eltern versorgt.

Nach der Brutzeit zieht ein Teil der Rotmilane nach Süden, um in Südfrankreich und auf der Iberischen Halbinsel zu überwintern. Andere Vögel verbringen den gesamten Winter im angestammten Brutgebiet oder ziehen nur eine kürzere Strecke. Die Entscheidung, ob eine Population zieht oder nicht, hängt vermutlich in erster Linie vom Nahrungsangebot ab. Im Winter wegzuziehen ist ein Risiko, da auf dem Zug viele Gefahren wie z. B. Strommasten, illegale Wilderei, große Wasserflächen, Straßenverkehr oder einfach Nahrungsmangel auftreten können. Dazu kommen die Energien, die für den Zug aufgebracht werden müssen. Außerdem kann man das eigene Revier nicht verteidigen und muss eventuell bei der Rückkehr aus dem Überwinterungsgebiet feststellen, dass es bereits von einem anderen Rotmilanpaar besetzt ist. Gleichzeitig bedeutet der Wegzug aus nah-

rungsarmen Gebieten aber auch die Chance, zu überleben. Im Laufe der Jahre haben es die Milane jedoch geschafft, andere Nahrungsquellen zu entdecken, und können nunmehr vielerorts auf die weite Zugstrecke verzichten und den Winter auf Müllkippen oder in der Nähe großer Viehzuchtanlagen überleben. Im südschwedischen Schonen (Skåne) hat sich in den 1960er Jahren ein stabiler Bestand entwickelt, der auch den Winter in Schonen verbringt. Einer der Hauptgründe waren Schlachtereien, mit deren Fleischabfälle die Milane den Winter überstehen konnten. Dazu kommt, dass der Öresund zwischen Schweden und Dänemark eine gefährliche Barriere für größere Greifvögel wie z. B. Milane darstellt. Auf den 24 Kilometern offenen Wassers entstehen fast keine Aufwinde, so dass die Greifvögel sich auf der schwedischen Seite in ausreichend große Höhe schrauben müssen, um dann fast die gesamte Strecke im Gleitflug zu absolvieren. Vögel, die sich dabei verschätzen oder auf unerwarteten Gegenwind treffen, kann es das Leben kosten. Daher ist ein Überwintern für den Rotmilan in Südschweden sinnvoll. Auch heute noch überwintern viele adulte Milane in Südschweden, während ihre weiter südliche ansässigen Artgenossen in Norddeutschland und Dänemark nach Südfrankreich fliegen. Im Zuge einer Reihe milder Winter nehmen die Winterbeobachtungen von Rotmilanen auch in Deutschland zu.

Adulter Rotmilan. Ein Teil der skandinavischen Rotmilanpopulation überwintert in Skandinavien, während norddeutsche Rotmilane nach Frankreich und Spanien ziehen. Foto F. Heintzenberg

Schwarzmilan *Milvus migrans*

Schwarzmilane sind eng mit dem Rotmilan verwandt und ähneln ihm in Aussehen und Lebensweise. Sie sind jedoch durchweg dunkler braun gefärbt, haben einen kürzeren Schwanz und sind in der Nahrungswahl mehr auf tote Fische spezialisiert, die oftmals von der Wasseroberfläche gegriffen werden. Sie fressen aber auch Säugetiere und Vögel. Schwarzmilane haben ein weitaus größeres Verbreitungsgebiet als der Rotmilan und brüten in weiten Teilen Mitteleuropas und vor allem in Südeuropa sowie in Afrika.

KENNZEICHEN Länge 48−58 cm, Spannweite 130−155 cm, Gewicht 630−940 g. Schwarzmilane sind mittelgroße Greifvögel mit relativ langen Flügeln und einem relativ langen gegabelten Schwanz. Sie ähneln einem Rotmilan, haben jedoch ein brauneres Gefieder und einen kürzeren Schwanz, der nur leicht gegabelt ist. Das helle Flügelfeld auf der Flügelunterseite ist schwächer ausgeprägt als beim Rotmilan. Das fast gesamte Körpergefieder des Vogels ist dunkelbraun, was sich im schwedischen Namen „Brun Glada" (= Braunmilan) widerspiegelt. Der deutsche Name sowie der englische Name „Black Kite" passen weniger zum Aussehen dieser Art. **Adulte** Schwarzmilane haben neben dem braunen Körpergefieder einen etwas helleren Kopf, der eine dunkle Strichelung aufweist. **Jungvögel** sind insgesamt etwas heller gefärbt und zeigen helle Säume an den Federn des Rückens und der Oberflügel. Auch auf dem Unterflügel ist eine helle Bänderung entlang der Mittleren und Großen Decken zu erkennen. Schwarzmilane legen erst im Alter von etwa fünf Jahren ein Alterskleid an, so dass es bei immaturen Vögeln Übergangsformen zwischen Jugendkleid und Altvogelkleid gibt. Die Iris eines Jungvogels ist dunkelbraun; ihre Farbe ändert sich erst im Alter von etwa sieben Jahren zu Gelb. Die Beine sind gelb.

VERBREITUNG UND LEBENSRAUM Der Schwarzmilan ist über weite Teile Europas verbreitet. Stabile Populationen fehlen nur in weiten Bereichen Skandinaviens, wo eine kleine Population in Ostfinnland brütet. Auch auf den Britischen Inseln, im Alpenraum, in Dänemark sowie in Teilen Griechenlands kommt der Schwarzmilan nur selten oder überhaupt nicht vor. Die europäische Population wird auf etwa 80 000 Brutpaare geschätzt. Da der Schwarzmilan aber auch in weiten Teilen außerhalb des europäischen Gebietes lebt, wird vermutet, dass er die häufigste Greifvogelart der Erde ist. Die europäischen Hauptvorkommen liegen im europäischen Russland, wo mit etwa 40 000 Paaren die Hälfte aller europäischen Schwarzmilane brütet. Auch Frankreich und Spanien haben mit über 22 500 bzw. 10 000 Paaren eine sehr hohe Brutdichte dieser Art. Der deutsche Brutbestand beträgt etwa 5600 Paare, die überwiegend in Sachsen-Anhalt (1000), Baden-Württemberg (750), Brandenburg und Berlin (1250) und Bayern (350–500) und Sachsen (700) brüten. Schwarzmilane bevorzugen **Lebensräume** in Gewässernähe, beispielsweise Auenlandschaften oder baumbestandene Seeufer. Offene Landschaften werden für die Jagd bevorzugt. In Südeuropa hat sich der Schwarzmilan zum Kulturfolger entwickelt. Er brütet in direkter Nähe von menschlichen Siedlungen, wo er auf Müllplätzen nach Nahrung sucht. Weltweit sind etwa sechs verschiedene **Unterarten** beschrieben worden. Die systematische Stellung einiger dieser Unterarten ist jedoch un-klar, und einige Biologen vertreten die Meinung, dass drei Unterarten eigenen Artstatus bekommen sollten. In Europa kommt ausschließlich die Nominatform *M. m. migrans* als Brutvogel vor.

Schwarzmilane sind gesellige Vögel. Auf dem Zug kann es zu größeren Ansammlungen kommen. Foto F. Heintzenberg

In der rötlichen Abendsonne kann der Schwarzmilan einem Rotmilan ähneln.
Foto J. Gerlach

WISSENSWERTES Schwarzmilane leben außerhalb der Brutzeit gerne in größeren Gruppen. Sie gehören zu den Suchflugjägern, die wie auch der Rotmilan relativ flach über die Landschaft segeln und sich nur selten zur Nahrungsaufnahme auf den Boden setzen. Stattdessen greifen sie Beutetiere, tote oder lebende Fische von einer Wasseroberfläche oder Fleischstücke eines Kadavers im Flug mit den Füßen. In Südeuropa folgen Schwarzmilane häufig auch Fischerbooten, um ähnlich einer Möwe über Bord geworfene Fischreste aufzunehmen. Da sich Schwarzmilane an den Menschen gewöhnt haben, schmarotzen sie auch an Schlachtereien und Hühnerfarmen, um Schlachtabfälle zu ergattern. Es sind sogar Schwarzmilane beobachtet worden, die Grillfleisch im Fluge vom Grill gegriffen haben oder auf Marktplätzen Fleisch von den Marktständen ergattert haben. Die **Brut** beginnt in der Regel im April. Schwarzmilane bauen eigene Nester, die einen Durchmesser von bis zu einem Meter haben. Die 2–3 Eier werden überwiegend vom Weibchen bebrütet. Nach etwa 32 Tagen schlüpfen die Jungen, die vom Weibchen gehudert und vom Männchen mit Nahrung versorgt werden. Nach einer Nestlingszeit von 45 Tagen sind sie flügge, werden aber noch zwei bis drei Wochen von den Altvögeln mit Nahrung versorgt. Schwarzmilane sind Zugvögel, die den Winter in Afrika südlich der Sahara verbringen. Die Überwinterungsgebiete liegen bis zu 5000 km vom Brutgebiet entfernt. Besonders an der Meerenge von Gibraltar kommt es auf dem Herbstzug zu großen Schwarzmilan-Ansammlungen. Innerhalb einer einzigen Zugsaison können insgesamt 60 000 Schwarzmilane Gibraltar überqueren, teilweise in Schwärmen von mehreren Hundert Individuen. Aber auch andere Zugwege werden eingeschlagen. Ein Teil der Schwarzmilane überquert das Mittelmeergebiet über Italien und

Sizilien, weiter östlich gelegene Populationen wählen die sichere Route über Israel, wo sie nicht das Risiko eingehen müssen, große Wasserstraßen zu überqueren.

Gegenwärtig sind die Bestände des Schwarzmilans in Europa nicht bedroht. Im Westen des europäischen Verbreitungsgebietes ist erfreulicherweise eine Zunahme zu beobachten, während die Bestände im Osten und Südosten abnehmen. Diese Verlagerung des Brutareals mag mit einer Umstrukturierung der Landwirtschaft zusammenhängen. In den 60er Jahren waren die Schwarzmilanbestände dramatisch am Abnehmen, was vermutlich am Insektengift DDT gelegen hat. Wie viele andere Greifvögel reichert auch der Schwarzmilan als Endglied in der Nahrungskette Umweltgifte im Körper an, was dazu geführt hat, dass die Embryonen in den Eiern abstarben oder die Schalen der Eier so dünn gerieten, dass diese bei der Brut zerbrachen. Heutzutage ist DDT verboten, was zu einer Erholung der Schwarzmilanbestände geführt hat. Die Art kann in freier Natur bis zu 24 Jahre alt werden.

Schwarzmilan mit Jungen am Nest. Foto P. Zeininger

115

Seeadler *Haliaeetus albicilla*

Der Seeadler ist mit Abstand die größte in Deutschland brütende Greifvogelart. Über viele Jahre hinweg war dieser imposante Adler vom Aussterben bedroht. In den 80er Jahren gab es in der damaligen Bundesrepublik nur in Schleswig-Holstein einzelne Paare, deren Brutplätze streng geheim gehalten und scharf bewacht wurden. Zur gleichen Zeit gab es in der damaligen DDR aufgrund der Unzugänglichkeit weiter militärisch genutzter Gebiete eine stabile Population. Nach der Wiedervereinigung wurde ein Teil dieser Gebiete im Osten aufgelöst, ohne jedoch die Adlerbestände stark zu beeinträchtigen. Vermutlich hat das jedoch dazu geführt, dass einige Adlerpaare nach Westen abgewandert sind. Im Zuge von strengen Schutzmaßnahmen sowie einem Verbot des Insektenbekämpfungsmittels DDT ist die Situation für den Seeadler sowohl im Westen als auch im Osten Deutschlands heutzutage relativ entspannt. Er ist zwar noch immer ein seltener Brutvogel, man kann die riesige, brettartige Silhouette dieses scheuen Adlers aber heute vielerorts wieder am Himmel kreisen sehen.

KENNZEICHEN Länge 77–95 cm, Spannweite 190–240 cm, Gewicht 4100–6900 g. Aufgrund der mächtigen Größe, der breiten, brettartigen Flügel mit langen Handschwingen („Fingern"), dem weit vorgestreckten Kopf und Hals sowie einem relativ kurzen Schwanz ist diese Art mit kaum einem anderen Greifvogel zu verwechseln. Altvögel zeichnen sich durch einen leuchtend weißen Schwanz aus. Das Gefieder ist dunkelbraun; es zeigt jedoch einen heller beigebraunen Hals und Kopf. Auch die Oberflügeldecken sind deutlich heller als das dunkelbraune Körpergefieder und wirken unregelmäßig geschuppt. Der Schnabel und die Iris ist bei Altvögeln gelb. **Jungvögel** im ersten Winterkleid sind dunkler gefärbt als die Altvögel. Ihnen fehlt der weiße Schwanz, der dunkelbraun gefärbt ist, aber hellere Bereiche aufweist. Jungvögel variieren wesentlich stärker als Altvögel in der Färbung. Sie können fast einfarbig dunkelbraun sein, zeigen jedoch gelegentlich einen heller gefleckten Rücken und hellere Armschwingen. Sie haben einen etwas längeren Schwanz als die Altvögel, einen dunklen Schnabel sowie eine graue Wachshaut. Erst im Alter von fünf Jahren haben Seeadler ihr Alterskleid erreicht. Das Alter immaturer Vögel ist nur mit Erfahrung genau zu bestimmen. Ein wichtiges Merkmal ist die Schwanzfärbung, die allmählich weißer wird, jedoch stark

Adulter Seeadler
setzt zur Landung
an. Foto F. Heint-
zenberg

variieren kann. Auch die Färbung von Schnabel und Augen ist wichtig für eine genaue Altersanalyse eines Seeadlers. **Sitzend** Ein mäch-
tiger Greifvogel mit dickem Körper, langem Hals und einem klobigen
Schnabel. Der Schwanz ist sehr kurz und schließt bei Altvögeln etwa
mit der Spitze der Flügelspitzen ab. Bei Jungvögeln ist der Schwanz
etwas länger. **Im Flug** Große, brettartig klobige Gestalt mit relativ
langem Hals und kurzem Schwanz. Flügelspitzen stark gefingert.
Fliegt mit leichten, relativ flach ausholenden Flügelschlägen, die von
kürzeren Gleitphasen unterbrochen sind. Das Flugbild erscheint von
vorne und hinten leicht gewölbt, da der Armflügel etwas angehoben
ist, während der Handflügel etwas herabhängt. Altvögel sind an dem
kurzen, komplett weißen Schwanz einfach zu bestimmen. In Mitteleuropa gibt es keine ähnlichen Adlerarten. **Männchen** und **Weibchen**
sind im Feld nicht zu unterscheiden. Jungvögel im ersten Jahreskleid
tragen ein recht frisches Gefieder, das nur wenig abgetragen ist. Sie
haben im Vergleich zu älteren Vögeln etwas längere äußere Armschwingen, was den Armflügelhinterrand ausgebuchtet erscheinen
lässt. Das Gefieder ist überwiegend dunkel. Die Oberflügeldecken
sind etwas heller, leicht gesprenkelt, oftmals mit einem leichten Rot-
Ton. Auf der Flügelunterseite ist im Bereich der Unterflügeldecken ein

Seeadler im ersten Jahreskleid kurz vor der Landung. Foto F. Heintzenberg

helleres Band sichtbar. Die Augen und der Schnabel sind dunkel, die Schnabelwurzel ist hell. Während der folgenden Jahre werden Iris und Schnabel heller. Das gesamte Körpergefieder erscheint aufgrund der verschiedenen Mauserstadien gescheckt. Erst im Alter von fünf Jahren sind Seeadler voll ausgewachsen. **Rufe** Seeadler sind im Vergleich zu anderen Adlerarten sehr ruffreudig. Dabei haben beide Geschlechter verschiedene Rufe. Vor allem zur Brutzeit ruft das Männchen lautstark ein ansteigendes „krick-krick-rickrick". Das Weibchen ruft hingegen ein etwas tiefer „rack-rack-rack-rack", oft zehn oder mehr Rufe gereiht nacheinander.

VERBREITUNG UND LEBENSRAUM Einst kam der Seeadler in weiten Bereichen Europas vor. Heute ist er in Südosteuropa nur noch sehr lückenhaft verbreitet. In Süd- und Südwesteuropa fehlt er gänzlich. Stabile Populationen leben noch in Nordosteuropa sowie entlang der Küsten Skandinaviens, aber auch im Nordosten Deutschlands. Die gesamteuropäischen Bestände werden auf etwa 10 600 Brutpaare geschätzt. Die Verbreitungsschwerpunkte liegen dabei eindeutig in Norwegen (3500 – 4000 Paare) und im europäischen Russland (3200 Paare). Die Bestände sind mittlerweile dabei, sich wieder zu erholen, so dass der deutsche Brutbestand heutzutage stolze 700 Brutpaare umfasst. Seeadler benötigen für die Nahrungssuche Gewässer in der näheren Umgebung. Daher liegen die Reviere oftmals in Küstennähe oder grenzen an größere Seen an. Für die Brut sind störungsarme Waldgebiete wichtig mit einem guten Bestand alter Bäume, die das gewaltige Nest tagen können. Im relativ dünn besiedelten Norwegen werden oftmals auch unzugängliche Felsklippen als Brutplatz genutzt. In Deutschland leben heutzutage insgesamt etwa 700 Paare, davon mehr als 80 Prozent der Paare in den nördlichen Bundesländern.

WISSENSWERTES Die **Nahrung** variiert je nach Lebensraum und Jahreszeit. Geschickt können lebende oder tote Fische von der Wasseroberfläche gegriffen werden. Dabei kann der kräftige Seeadler Fische bis zu einem Gewicht von etwa fünf Kilogramm greifen und im Fluge wegtragen. Auf den Lofoteninseln in Norwegen haben sich die Adler daran gewöhnt, Fischabfälle von Fischern zu erbeuten. In geringer Zahl folgen sie – möwenähnlich – den Fischerbooten und leben von den über Bord geworfenen Fischen und Fischresten. In Gegenden mit einem weniger reichen Fischbestand werden zu einem Großteil auch Säugetiere und Vögel geschlagen. Seeadler können dabei Vögel bis Kranichgröße überwältigen. In erster Linie werden jedoch kranke oder geschwächte Tiere erbeutet. Vor allem im Winter besteht ein großer Teil der Beute aus Aas. Tote Fische, Vögel und Säugetiere zählen dazu. In Skandinavien haben Winterfütterungen mit Schweinefleisch, das keine Umweltgifte enthält, dazu beigetragen, dass die geschwächten Seeadlerpopulationen sich wieder erholen konnten. Besonders Jungvögel profitieren von diesen sogenannten Luderplätzen. Im Zuge von neuen EU-Richtlinien gelten heutzutage für solche Fütterungsplätze verschärfte Richtlinien. Neben einer behördlichen Genehmigung muss das Fleisch von einem Veterinär untersucht werden. Dazu muss der Futterplatz mit einem Elektrozaun eingezäunt sein, um Füchse, Wildschweine und andere Säugetiere fernzuhalten. Die **Brutzeit** beginnt im zeitigen Frühjahr, in der Regel zur Zeit der Schneeschmelze, oftmals aber auch wenn die Landschaft noch unter einer dichten Schneedecke liegt. Der Legebeginn ist in Mitteleuropa ab dem 20. Februar bis etwa Ende März. Die 1–3 weißen Eier werden 38 Tage lang vom Weibchen bebrütet. Das Männchen versorgt das Weibchen während dieser Zeit mit Nahrung und kann das Brutgeschäft auch kurzzeitig übernehmen, falls das Weibchen das Nest einmal verlässt. Zu Anfang der Nestlingszeit werden die Jungvögel noch scharf von einem Altvogel, zumeist dem Weibchen, bewacht, während das Männchen Nahrung sucht. Sobald die Jungen etwas älter sind, jagen beide Elternvögel nach Nahrung. Insgesamt bleiben die Jungvögel 90–100 Tage lang im Nest, bevor sie voll flügge sind. Die

Seeadler im dritten Jahreskleid. Foto F. Heintzenberg

frisch flüggen Jungen werden nur kurze Zeit von ihren Eltern versorgt, bevor sie eigene Wege gehen.

Die höchsten Verluste erleiden Seeadler in Mitteleuropa heute durch Vergiftungen durch das giftige Schwermetall Blei, das durch Jagdmunition in die Natur gelangt. Hauptverantwortlich hierfür ist jedoch nicht das viel diskutierte Bleischrot, sondern bleihaltige Kugelmunition, die für die Jagd auf Wildschweine, Rehe und Hirsche benutzt wird. Beim Aufprall zersplittert diese Munition in kleinste Teile und kontaminiert den ganzen Körper des erlegten Tieres mit Blei. Wenn Seeadler solche Tiere als Aas oder die nach der Jagd zurückgelassenen Innereien fressen, lösen die starken Magensäuren des Adlers das Blei auf. Das gelangt dann direkt in die Blutbahn und hat eine Bleivergiftung zur Folge. Im Zuge dieser Bleivergiftungen kann es zu Schädigungen des Nervensystems kommen. Die Folge dieser Bleivergiftungen kann nervlich bedingter Sauerstoffmangel, Ersticken, Bewegungsunfähigkeit und Blindheit sein. Bleifreie Munition ist seit längerer Zeit im Handel erhältlich. Aber erst wenige deutsche Bundesländer haben bleifreie Munition eingeführt und bleihaltige Munition verboten.

Insgesamt ist die Situation für diesen imposantesten aller deutschen Greifvögel heutzutage relativ entspannt. Noch in der 60er Jahren war der deutsche Bestand in Ost und West aufgrund von illegaler Jagd, Lebensraumzerstörung und Umweltgiften auf nur 110 Paare gesunken. Besonders die Verwendung des Insektizids DDT hatte zur Folge, dass die Eierschalen vieler tagaktiver Greifvögel sehr dünn gerieten und die Eier dadurch beim Brüten zerstört wurden oder abstarben.

Seeadler im ersten Winterkleid. Einzelne Individuen können bedeutend heller sein. Foto F. Heintzenberg

Wie alle anderen Greifvögel stehen auch Seeadler ganz oben in der Nahrungskette und erreichen dadurch überdurchschnittlich hohe Konzentrationen von Umweltgiften, darunter auch DDT. Nach dem Verbot von DDT im Jahre 1972 ging es langsam bergauf. Die letzten westdeutschen Seeadlerhorste in Schleswig-Holstein wurden von freiwilligen Helfern ab 1968 bis zum Jahre 1998 rund um die Uhr bewacht, um Eierdiebe fernzuhalten. Etwa 40 Jahre später, im Jahre 2011, hat sich das gesamtdeutsche Vorkommen auf etwa 700 Paare versechsfacht und nimmt noch immer um etwa 6−7 % zu. Auch in Dänemark und Österreich

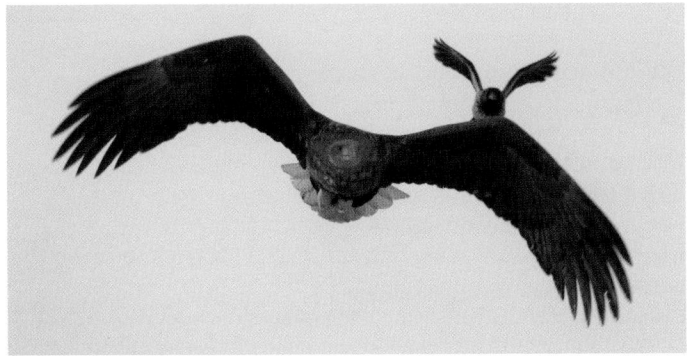

brüten heutzutage nach langen Abwesenheiten wieder kleine Bestände des Seeadlers. Dieser Bestandstrend ist durchaus positiv zu sehen. Seeadler sind Indikatoren für saubere und gesunde Lebensräume und fangen in erster Linie kranke und geschwächte Tiere. Dadurch werden die Populationen der Beutetiere gesund und frei von Krankheiten gehalten. In manchen Gegenden Deutschlands haben die Seeadler auch ihr Verhalten geändert. Über viele Generationen hinweg haben sie gelernt, dass der Mensch in der Regel keine Bedrohung mehr darstellt. So sind heutzutage die ersten Horste bereits in unmittelbarer Stadtnähe zu finden. Auch ist die extrem hohe Fluchtdistanz dieses eindrucksvollen Vogels in manchen Gebieten deutlich geringer geworden als noch vor einigen Jahrzehnten. Obwohl sich die Einstellung des Menschen gegenüber dem Seeadler und anderer Greifvögel in den vergangenen Jahren stark zum Positiven gewandelt hat, gibt es noch immer einzelne Rückschläge in der Aufklärungsarbeit. Beispielsweise hatte sich in Dithmarschen im Jahre 2005 ein Seeadlerpaar angesiedelt. Beide Vögel konnten auch im darauffolgenden Spätwinter mit Nistmaterial beobachtet werden. Sie verschwanden jedoch im März des Jahres 2006 aus unerklärlichen Gründen spurlos. Etwas später fand man zwei Fangeisen, auch Todschlageisen genannt, die, mit Fleischstücken beködert, Greifvögel und andere Fleischfresser fangen und auf grausame Weise töten. Die Jagd mit diesen Fallen ist streng untersagt und wird mit einer Freiheitsstrafe von bis zu fünf Jahren geahndet. In einer der beiden Fallen fand sich ein noch lebender Mäusebussard, dem die Falle beide Beine zerschmettert hatte. In der anderen Falle lag ein abgehackter Krähenfuß. Ob es weitere Greifvogelvernichtungsaktionen oder andere aktive Fallen gegeben hat und ob das Dithmarscher Seeadlerpaar den Schlageisen zum Opfer gefallen ist, bleibt ungewiss.

Schmutzgeier *Neophron percnopterus*

Schmutzgeier sind aufgrund ihres schlanken Körpers sowie des langen Schnabels mit nur wenigen anderen Vogelarten zu verwechseln. Sie brüten in Europa hauptsächlich auf der Iberischen Halbinsel, aber auch in anderen Mittelmeerländern. In der Nahrungswahl ist der Schmutzgeier sehr vielseitig. Er frisst Aas, Kleintiere, Reptilien, Insekten und Jungvögel. Mit dem langen Schnabel kann er gezielt auch das Knochenmark aus den Knochen toter Tiere picken. Eier anderer Vogelarten werden aus der Luft fallen gelassen und danach gefressen. In Afrika werden die schweren Straußeneier mit Steinen beworfen, die der Geier geschickt im Schnabel hält.

KENNZEICHEN Länge 60–70 cm, Spannweite 155–170 cm, Gewicht 1800–2400 g.
Schmutzgeier sind unverkennbar. Kopf, Körper und Schwanz sind bei **Altvögeln** schneeweiß. Nur die Schwungfedern sind unterseits schwarz und oberseits schwarz mit weißen Federzentren. Auffallend ist die Flugsilhouette, die in jedem Alter einen sehr kleinen Kopf mit einem langen und relativ kleinen Schnabel sowie einen keilförmigen, zugespitzten Schwanz zeigt. Die Flügel sind relativ breit und deutlich gefingert. Von vorne betrachtet segeln Schmutzgeier mit gerade ausgestreckten Flügeln. Nur im Gleitflug wird der Handflügel etwas nach unten gedrückt. Altvögel sind überwiegend weiß gefärbt. Nur Kopf, Hals, Brust und Mantel sind gelblich angehaucht und können bisweilen auch gräulich sein. Schon von weitem fallen die gelbe Gesichtshaut und die Wachshaut am Kopf auf. Im Flug wird der starke Kontrast zwischen dem hellen Körper und den schwarzen Schwungfedern deutlich. **Jungvögel** im ersten Lebensjahr sind überwiegend dunkelbraun gefärbt und können aus der Entfernung betrachtet fast schwarz wirken. An den Spitzen der Flügeldecken fallen hell beigefarbene, breite Federspitzen auf, die im Sitzen deutliche Flügelbinden formen. Jungvögel variieren im Gesamteindruck stark und können dunkelbraun bis schokoladenbraun gefärbt sein. Immature Vögel zeigen intermediäre Merkmale, die im zunehmenden Alter mehr denen eines Altvogels entsprechen. Erst in einem Alter von fünf Jahren sind Schmutzgeier voll ausgefärbt.

VERBREITUNG UND LEBENSRAUM Schmutzgeier leben in Europa ausschließlich im Mittelmeerraum. Ihr Verbreitungsgebiet erstreckt

sich lückenhaft und gebietsweise sehr lokal von der Iberischen Halbinsel über Frankreich, Süditalien, den Balkan und Griechenland. Die
Verbreitungsschwerpunkte liegen in Spanien, wo mit 1400 Paaren
etwa 70 % der europäischen Schmutzgeierpopulation lebt. In Portugal, Griechenland brüten 30−50 Paare und dem europäischen
Russland brüten je etwa 100 Paare. In allen anderen Ländern ist der
Schmutzgeier ein nur sehr lokal vorkommender, seltener Brutvogel.
Der europäische Gesamtbestand wird auf 1800 Paare geschätzt. Von
den weltweit drei beschriebenen **Unterarten** brütet nur die Nominatform *N. p. percnopterus* in Europa.

WISSENSWERTES Geier sind seit jeher ein Opfer des menschlichen
Aberglaubens gewesen. Als Totenvögel sind sie in weiten Bereichen
Europas über viele Jahrzehnte hinweg legal und illegal geschossen
und vergiftet worden. Erst innerhalb der letzten Jahre hat sich das
Bild gewandelt. Heutzutage haben die meisten Menschen eingese-
hen, dass Geier als „Gesundheitspolizei" sehr nützlich sind und tote

Tiere schnell beseitigen, ehe sich Krankheiten verbreiten können.
Leider haben viele Geier den früheren menschlichen Irrglauben
mit dem Leben bezahlen müssen. In Italien ist der ehemals stabile
Bestand über etwa 30 Jahre um 70 % auf nur 15 – 20 Paare geschrumpft.
Auch in anderen Ländern leben immer weniger Schmutzgeier und
andere Geierarten, was teilweise auch heute noch auf Gifte und Ab-
schussaktionen zurückzuführen ist. Heutzutage sind alle Geierarten
in Europa streng geschützt, was zumindest in Südfrankreich durch
Bestandszunahmen erste Erfolge zeigt.

Schmutzgeier sind typische Kulturfolger, die schnell neue Nahrungsquellen erschließen können. In der Nähe menschlicher Siedlungen
ernähren sich Schmutzgeier vielfach von Abfällen auf Mülldeponien.
Geier, die nicht in der Nähe des Menschen leben, suchen ihre Nahrung überwiegend in weiten Suchflügen. Aus großer Höhe kontrollieren sie die Landschaft nach verendeten Tieren. Aber auch Artgenossen
werden genau im Auge behalten. Sobald ein Geier zum Landeanflug
ansetzt, folgen andere Geier in der Nachbarschaft dem Beispiel, so
dass ein neu entdeckter Kadaver schnell von vielen Geiern unterschiedlicher Arten besucht werden kann.

Europäische Schmutzgeier sind überwiegend Zugvögel, die den Winter in Afrika verbringen. Über die Meerenge von Gibraltar ziehen in jedem Herbst etwa 4000 Schmutzgeier nach Afrika. Junge Schmutzgeier verbringen in der Regel die ersten zwei oder drei Lebensjahre in Afrika, um erst kurz vor der Geschlechtsreife wieder nach Europa zu fliegen. Der Heimzug ins Brutgebiet erfolgt im März und April. Die **Brut** beginnt im April oder Mai. Das Nest wird auf einem Vorsprung an einer Felswand errichtet. Schmutzgeier brüten zeitlebens mit dem gleichen Partner und benutzen oftmals über viele Jahre hinweg den gleichen Brutplatz. Die beiden Eier werden 42 Tage lang von beiden Altvögeln bebrütet. Nach einer Nestlingszeit von 70–90 Tagen fliegen die Jungen aus und werden noch einige Zeit lang von den Altvögeln betreut und mit Nahrung versorgt.

Von den in Europa brütenden Geierarten ist der Schmutzgeier als Zugvogel besonders gefährdet. Dazu kommen neue EU-Richtlinien, die das Auslegen von Fleisch untersagen sowie offene Müllkippen so umstrukturieren, dass die Geier keinen offenen Zugang mehr zur Nahrung haben. Es ist daher anzunehmen, dass die Schmutzgeier-Bestände in vielen Ländern weiter abnehmen werden.

Adulte und junge Schmutzgeier am Kadaver. Foto K. Wothe

Gänsegeier *Gyps fulvus*

Gänsegeier haben vermutlich ihren Namen wegen ihres lang ausgestreckten Halses bekommen. Etwa 90% der europäischen Population dieses unverkennbaren Greifvogels brüten auf der Iberischen Halbinsel. Gänsegeier bevorzugen trockene Täler auf Hochebenen sowie weite Steppenlandschaften mit Steilwänden, an denen sie gerne in kleinen Kolonien brüten. Die Bestände in Südeuropa nehmen seit vielen Jahren ab. In Deutschland und Nordeuropa zählen Gänsegeier zu den absoluten Ausnahmeerscheinungen. Im Frühjahr 2006 kam es jedoch in Deutschland zu einem nie zuvor gesehenen Einflug.

KENNZEICHEN Länge 90–105 cm, Spannweite 240–265 cm, Gewicht 6000–11000 g. **Im Flug** Gänsegeier sind mit einer Spannweite von über zweieinhalb Metern etwas größer als ein Seeadler. Aufgrund der gewaltigen Größe schlägt der Geier zeitlupenartig mit den breiten Flügeln, die stark gefingert sind. Auffallend ist vor allem das Flugbild, das eine geschwungene Flügelhinterkante zeigt; die Armschwingen sind also länger als die Handschwingen. Der Handflügel ist somit deutlich schmaler als der Armflügel (beim Mönchsgeier gleich breit und mit „ausgefranster" Hinterkante). Der Schwanz ist sehr kurz und der weißliche Kopf wird im Flug eingezogen, so dass er nur wenig auffällt. Im Segelflug werden die Flügel leicht angehoben, so dass die Silhouette von vorne betrachtet einem „V" ähnelt. Im Gleitflug werden die Flügel gerade gehalten, nur der Armflügel wird leicht nach unten gedrückt und leicht nach hinten abgewinkelt. Auch auf große Entfernung sind Gänsegeier relativ einfach anhand der Silhouette sowie der zweifarbigen Oberseite zu bestimmen. Der hellbraune Rücken und die Oberflügeldecken kontrastieren zu den schwärzlichen Schwungfedern und dem Schwanz. Auf der Unterseite ergibt sich ein ähnliches Muster, was jedoch weitaus weniger auffällt, da die Unterseite bei kreisenden Vögeln in der Regel beschattet ist. In der Flugweise unterscheidet sich der Gänsegeier von großen Adlern dadurch, dass er zwischen den Gleitphasen einen einzelnen Flügelschlag machen kann. Adler schlagen normalerweise mehrmals mit den Flügeln. **Im Sitzen** fallen bei Gänsegeiern die gewaltige Größe sowie der lange, gänseartige Hals auf, der nur sehr fein dunenartig befiedert ist. Am Halsansatz ist ein dichter Federkragen zu sehen. Der Schnabel ist kräftig. **Altvögel** sind im Flug leicht an den

hellbraunen Spitzen der Großen Oberflügeldecken und Schirmfedern zu bestimmen. Die Halskrause ist weiß, was vor allem im Sitzen auffällt. **Jungvögel** sind im Braunton auf den Unteren Flügeldecken etwas heller als Altvögel. Ihnen fehlen die hellen Kanten und Spitzen der Großen Oberflügeldecken. Die Halskrause ist bei Jungvögeln hellbraun. Männchen und Weibchen können im Freiland nicht unterschieden werden.

Adulter Gänsegeier im Segelflug. Beachte den Kontrast zwischen braunen Flügeldecken und dunklen Schwungfedern. Foto F. Heintzenberg

VERBREITUNG UND LEBENSRAUM Gänsegeier brüten im südlichen Europa. Ihr Hauptverbreitungsgebiet liegt in Spanien, wo mit etwa 25 000 Gänsegeiern gute 90 % der europäischen Population brüten. Die ehemals großen Bestände anderer Mittelmeerländer sind aufgrund jahrzehntelanger Verfolgung stark dezimiert worden. Kleinere Bestände brüten heute noch in Portugal, Frankreich, Italien, Griechenland, Serbien, Kroatien, dem europäischen Russland, sowie einer Reihe anderer Länder Süd- und Südosteuropas. Die Bestände Portugals, Spaniens und Frankreichs zeigen erfreulicherweise seit einigen Jahren wieder positive Entwicklungen. Strenge Schutzmaßnahmen, Auswilderungsaktionen sowie Fleisch, das für Gänsegeier unter streng kontrollierten Bedingungen ausgelegt wird, haben für

eine Zunahme der Populationen gesorgt. In den französischen und italienischen Ostalpen sind seit einigen Jahren Gänsegeier ausgesetzt worden, die mittlerweile erfolgreich brüten. Der europäische Gesamtbestand beträgt etwa 27 000 Brutpaare. Als Lebensraum bevorzugen Gänsegeier trockene Landschaften, die geeignete Felswände für die Brut bieten. Auch reine Gebirgslandschaften mit extensiver Viehzucht werden als Brutplatz beansprucht. Als Segelflieger benötigt der Gänsegeier ein sehr warmes Klima, weshalb eine Besiedlung Mitteleuropas nicht möglich erscheint. Weltweit gibt es vom Gänsegeier zwei verschiedene **Unterarten**. In Europa brütet die Nominatform *G. f. fulvus*.

Der Kopf des Gänsegeiers ist daunenartig befiedert und wird nach blutigen Mahlzeiten sorgfältig gereinigt. Foto W. Layer

WISSENSWERTES Gänsegeier sind normalerweise Brutvögel des Mittelmeerraums, Asiens und Nordafrikas. In Mittel- und Nordeuropa zählen Gänsegeier zu den absoluten Ausnahmeerscheinungen. Nur selten verfliegen sich Gänsegeier nach Deutschland. Einzelne Beobachtungen hat es in den vergangenen Jahren aus dem Alpenraum gegeben, wobei es sich vermutlich um umherstreifende Geier des italienischen Auswilderungsprojektes gehandelt hat. Da der Gänsegeier einstmals ein Brutvogel im deutschen Rheingebiet gewesen ist und sich die südwestlichen Bestände ausbreiten, ist nicht auszuschließen, dass er in Zukunft auch in den deutschen Alpen brüten kann.

Im Mai und Juni 2006 kam es zu einem bemerkenswerten Einflug von Gänsegeiern nach Deutschland. Noch nie zuvor sind in Deutschland so viele Gänsegeier beobachtet worden wie in dieser Zeit. Nach ersten Auswertungen sind sie im Mai von Spanien aus in einem SW-NO-Korridor nach Deutschland gezogen. Der Einflug begann am 24. Mai und dauerte bis etwa zum 1. Juni an. Danach wurden nur noch einzelne oder erschöpfte Gänsegeier aus Deutschland gemeldet. Der Einflug hatte seinen Schwerpunkt in Mecklenburg-Vorpommern, wo eventuell die Ostsee eine natürliche Barriere für die Geier dargestellt hat. Berichten zufolge wurden während des Einflugs mehrere Trupps von über zehn Individuen gesehen. Am Galenbecker See in Mecklenburg-Vorpommern wurde an einem Rinderkadaver sogar ein Trupp von 71 Vögeln beobachtet. Nachdem der besorgte Landwirt zusammen mit dem Jagdpächter den Kadaver beseitigt hatte, teilte sich der Trupp in zwei kleinere Gruppen von je 30 Individuen. Insgesamt wurden in dieser Zeit über 200 Gänsegeierbeobachtungen in Deutschland registriert, die vermutlich etwa 150 verschiedene Individuen betrafen. Einige wurden erschöpft aufgegriffen, an Greifvogelstationen gefüttert und dann wieder freigelassen. Zwei Gänsegeier, die nach dem Aufpäppeln mit je einem Satellitensender versehen wurden, flogen auf direktem Wege in ihre spanischen Brutgebiete zurück. Was diesen Einflug ausgelöst hat, ist nicht genau bekannt. Biologen vermuten jedoch, dass neue EU-Richtlinien, die das Auslegen von Fleisch und Schlachtabfällen aus hygienischen Gründen untersagen, einen Nahrungsengpass ausgelöst haben. Es bleibt abzuwarten, wie sich die Gänsegeierbestände Europas entwickeln.

Gänsegeier sind am Kadaver sehr gesellig und streiten mit anderen Geierarten um das Fleisch. Foto J. Hlasek

Mönchsgeier *Aegypius monachus*

Mönchsgeier sind mit einer Spannweite von knapp drei Metern die größten Greifvögel Europas. In Europa sind die Bestände stark zurückgegangen, und man vermutet, dass lediglich 1900 Paare alljährlich brüten, die meisten in Spanien. Den deutschen Namen hat die Art aufgrund des Halskragens bekommen, der einer Mönchskutte ähnelt. Auch der wissenschaftliche Name „monachus" (= Mönch) spielt darauf an.

KENNZEICHEN Länge 100–110 cm, Spannweite 260–290 cm, Gewicht 7000–12 500 g. Mönchsgeier sind aufgrund der gewaltigen Größe sowie der zeitlupenartigen Flügelschläge nur mit dem Gänsegeier zu verwechseln. Von diesem unterscheiden sie sich durch die einfarbig dunkle Gesamtfärbung ohne helle Flügeldecken. Kreisende Mönchsgeier halten die Flügel gerade, kreisende Gänsegeier heben sie leicht an, was den Eindruck eines fliegenden „V" hinterlässt. Vor der Landung hebt der Mönchsgeier den Schwanz leicht an, während der Gänsegeier die Beine hängen lässt. Die Flugsilhouette erscheint aufgrund der relativ geraden Flügel etwas adlerartiger als beim Gänsegeier. Adler kann man dadurch ausschließen, dass die Handschwingen sehr lang gefingert sind, der Kopf im Flug sehr klein wirkt und die Flügelschläge sehr tief und langsam erscheinen. Altvögel haben eine weiße Kopfkappe, einen schwarzen Vorderhals sowie einen hellbraunen Halskragen. Bei Jungvögeln sind Kopf und Krause schwarz gefärbt.

Mönchsgeier im Segelflug. Auffällig sind die brettartigen Flügel. Foto H.-J. Fünfstück

VERBREITUNG UND LEBENSRAUM Mönchsgeier sind in Europa sehr selten. Mit etwa 1900 Paaren, die überwiegend in Spanien brüten, ist die Art weitaus seltener als beispielsweise der Gänsegeier. Nach

dramatischen Bestandseinbrüchen im 19. und 20. Jahrhundert sind die Bestände Spaniens momentan dabei, sich wieder zu erholen. Verschiedene Auswilderungsprojekte in Frankreich und auf Mallorca versuchen, den Mönchsgeier in ehemaligen Brutgebieten wieder heimisch zu machen. Zu diesem Zweck ist bereits im Jahre 1986 eine Mönchsgeier-Schutzgemeinschaft,

die „Black Vulture Conservation Foundation" ins Leben gerufen worden. Die Schutzbemühungen haben Erfolge gezeigt und zumindest
die spanischen Bestände gesichert. In Osteuropa brütet der Geier
nur noch selten in Griechenland, Bulgarien, Mazedonien, der Ukraine
und im europäischen Russland mit insgesamt nicht mehr als 50
Brutpaaren. Hier sind die Bestandstendenzen eher rückläufig. Der
Lebensraum dieser Art sind unzugängliche Gebirgsregionen sowie
ausgedehnte, bewaldete Täler mit Felsen und einem reichlichen
Nahrungsangebot.

WISSENSWERTES Mönchsgeier sind Stand- und Strichvögel. Während die Altvögel ganzjährig im Brutgebiet bleiben, streifen die Jungvögel auf der Suche nach nahrungsreichen Biotopen und geeigneten
Brutgebieten umher (Dispersion). Die Nahrung besteht überwiegend
aus Aas, an dem der Mönchsgeier über andere Geier und Adler dominiert. Auch heutzutage werden Mönchsgeier in ihren Brutgebieten
durch ausgelegtes, vergiftetes Fleisch getötet. Eine weitere Gefährdung der europäischen Bestände ist das rigorose Abholzen von Wäldern, die als Nistplätze benötigt werden.

Schlangenadler *Circaetus gallicus*

Schlangenadler sind mittelgroße Greifvögel, die überwiegend in Südeuropa vorkommen. Sie haben sich auf den Fang von Reptilien spezialisiert. Geschickt können Schlangenadler auch Giftschlangen fangen und töten, obwohl sie keineswegs immun gegen deren Gift sind. Schlangenadler sind in Europa relativ seltene Brutvögel. Ihre Bestände haben seit ein paar Jahrzehnten abgenommen.

KENNZEICHEN Länge 62–68 cm, Spannweite 170–190 cm, Gewicht 1200–2300 g. Der Schlangenadler gehört zu den kleineren Adlerarten und fällt vor allem im Flug durch das helle Körpergefieder sowie die relativ langen und breiten Flügel auf. Auf Entfernung wirken fliegende Schlangenadler unterseits recht einfarbig hell. Ein dunkler Kehllatz steht im Kontrast zur hellen Unterseite. Aus der Nähe erkennt man, dass Bauch, Brust, Unterflügeldecken und Schwungfedern dunkel quergebändert sind. Diese Bänderung kann stark variieren und teilweise fast fehlen. Seine Zehen sind relativ kurz, was der Art den englischen Namen „Short-toed Eagle" (= Kurzzehenadler) gegeben hat. Der Schwanz ist gerade abgeschnitten, mit 3–4 breiteren Binden quergebändert und an der Basis etwas schmaler. Im Sitzen fällt der im Verhältnis zum Körper relativ große Kopf des Schlangenadlers auf, wodurch die Art fast eulenartig wirken kann. Im Flug kann der Kopf jedoch wesentlich unauffälliger sein und schmaler wirken. Die relativ einfarbig braune Oberseite bildet einen deutlichen Kontrast mit den grauen Mittleren und Kleineren Decken. Schlangenadler fliegen mit ungewöhnlich langsamen Flügelschlägen, was auf dem relativ geringen Körpergewicht im Verhältnis zur Flügelgröße beruht. Diese Flugweise wirkt wie die einer großen Eule und lässt den Adler größer wirken, als er eigentlich ist. Im Gleitflug wirken die Flügel von vorne betrachtet relativ gerade, nur der Handflügel ist etwas nach unten gebogen. **Jungvögel** sind nicht ganz einfach zu bestimmen. Sie haben eine etwas geschwungenere Flügelhinterkante, was dadurch entsteht, dass die Armschwingen im Verhältnis zu den Handschwingen etwas länger sind. Dazu zeigen Jungvögel einen regelmäßigen hellen Saum (bei Altvögeln unregelmäßig) entlang der Spitzen der Schwungfedern. Die Unterseite ist blasser gefärbt als bei Altvögeln. Die oberen Großen und Mittleren Flügeldecken zeigen bei Jungvögeln einen deutlicheren Kontrast zum braunen Oberflügel. Insgesamt ist eine Altersbestimmung anhand dieser Merkmalskombination mög-

lich, es sind jedoch relativ gute Beobachtungsbedingungen nötig.
Ähnliche Arten sind andere helle Greifvögel wie z. B. Zwergadler.
Aber auch helle Mäuse- und Wespenbussarde mit dunklerem Kehllatz können für einen Schlangenadler gehalten werden.

VERBREITUNG UND LEBENSRAUM Schlangenadler sind in Europa hauptsächlich in Südeuropa verbreitet. In ganz Europa lebt eine Population von knapp 17 500 Schlangenadlerpaaren. Die Verbreitungsschwerpunkte liegen mit etwa 10 380 Paaren in Spanien, mit 2400 – 2700 in Südfrankreich und mit 500 – 1000 Paaren im europäischen

Schlangenadler mit Jungvogel und erbeuteter Schlange am Nest. Foto G. Moosrainer

Russland. In Deutschland hat die Art bis vor etwa 100 Jahren selten gebrütet. Heutzutage übersommern einzelne Schlangenadler nahezu alljährlich in Deutschland. In den vergangenen zehn Jahren sind beispielsweise auch bis zu zwei Individuen auf einem Truppenübungsplatz im Raum Celle beobachtet worden, wobei es nicht ganz klar ist, ob die Vögel dort auch gebrütet haben. Der bevorzugte Lebensraum sind trockene und vor allem offene Landschaften in klimatisch begünstigten Regionen Europas, wo Reptilien leben können. Lebensräume mit Hügeln und Bergen werden bevorzugt, da Schlangenadler die Aufwinde für die Nahrungssuche zu nutzen wissen, um an Hängen rüttelnd nach Beute Ausschau zu halten.

WISSENSWERTES Schlangenadler ernähren sich hauptsächlich von Reptilien, vor allem von Schlangen und Eidechsen. Auch giftige Schlangen werden erbeutet und in der Regel mit den Füßen zuerst aus der Luft im Überraschungsangriff gefangen. Wenn der Adler die Beute zum Nest bringt, trägt er sie jedoch im Schnabel. Schlangenadler fressen aber auch Kleinsäuger, Amphibien oder Kleinvögel. Bei der Jagd kann der Schlangenadler lange Zeit, nahezu ohne Flügelschläge, entlang von Berghängen segeln, um nach Reptilien Ausschau zu

Schlangenadler haben einen verhältnismäßig großen Kopf und orangegelbe Augen. Foto P. Zeininger

Im Flug fällt beim Schlangenadler der Kontrast zwischen dunkler Brust und heller Unterseite auf. Foto P. Katsiyiannis

halten. An Berghängen wird diese Taktik noch dadurch unterstützt, dass es dort häufig zu Aufwinden kommt, in denen der Schlangenadler oftmals minutenlang rüttelnd an der gleichen Stelle in der Luft stehen kann.

Als Zugvögel verbringen Schlangenadler den Winter in Afrika südlich der Sahara. Insbesondere auf dem Herbstzug kann es in manchen Gegenden zu beeindruckenden Zugzahlen kommen. So wurden beispielsweise in Gibraltar im Herbst 1972 etwa 9000 Schlangenadler gezählt. Die israelischen Zugzählungen umfassen etwa genauso viele Schlangenadler, die ostwärts um das Mittelmeer fliegen. Je nach Wetterlage variiert die täglich zurückgelegte Zugstrecke von nur wenigen Kilometern bei Regen und Wind bis hin zu etwa 400 km pro Tag bei Sonne und guten Zugverhältnissen. Der Frühjahrszug ist zahlenmäßig weitaus weniger deutlich ausgeprägt. Das liegt vermutlich daran, dass ein Teil der Vögel, die im Herbst nach Süden gezogen sind, den Winter nicht überlebt haben, so dass allgemein weniger Vögel den Heimzug ins Brutgebiet antreten.

Brut Erst in einem Alter von 3 – 4 Jahren werden Schlangenadler geschlechtsreif. Sie bauen jedes Jahr ein neues Nest, was für Adler recht ungewöhnlich ist. Die Nestmulde, in die das Weibchen das einzige Ei legt, wird mit grünen Zweigen ausgelegt. Die Brutzeit beträgt 45 – 47 Tage. Nach dem Schlüpfen wird das Junge zunächst noch von der Mutter gehudert. Insgesamt beträgt die Nestlingszeit je nach Nahrungsangebot und Witterung 60 – 80 Tage. Beringungen haben gezeigt, dass Schlangenadler in freier Natur mindestens 17 Jahre alt werden können.

Rohrweihe *Circus aeruginosus*

Die Rohrweihe ist die häufigste von vier Weihenarten, die regelmäßig in Europa erscheinen. Sie ist ein häufiger Brutvogel Deutschlands und lebt in unmittelbarer Nähe von flachen Gewässern, an deren Rand sie im hohen Schilf am Boden brütet. Häufig kann man sie im flachen Segelflug mit leicht angehobenen Flügeln bei der Nahrungssuche nach Kleinsäugern, Vögeln und Großinsekten beobachten. Den Winter verbringen Rohrweihen in Afrika.

KENNZEICHEN Länge 48–56 cm, Spannweite 115–130 cm, Gewicht 400–800 g. Rohrweihen sind oftmals bereits auf große Entfernung am typischen Flugbild zu erkennen. Sie gleiten im flachen Segelflug schaukelnd flach über Wiesen- und Schilfbereiche, um nach Nahrung Ausschau zu halten. Beim Flugbild fallen der verhältnismäßig lange Schwanz und die im Vergleich mit einem Bussard recht schmalen Flügel auf, die häufig leicht angehoben sind. Von vorne oder hinten betrachtet erinnert das Flugbild an ein flaches „V". Rohrweihen gehören zu den mittelgroßen Greifvogelarten und erreichen etwa Bussardgröße. Im Sitzen fallen die langen gelben Beine auf, die eine Anpassung an das Leben in Gewässernähe sind. Männchen und Weibchen sind deutlich unterschiedlich gefärbt. Im Sitzen ist das Körpergefieder des **Männchen**s überwiegend mittelbraun, nur der Kopf ist braungrau gestrichelt und die Brust ist deutlich heller gefärbt. Ein heller Flügelbug ist je nach Flügelhaltung erkennbar. Alte Männchen tragen dazu ein großes silbergraues Flügelfeld. Im Flug sind die Unterflügel des Männchens einfarbig grau, nur die Flügelspitzen sind tiefschwarz. Die Flügel kontrastieren deutlich mit dem braunen Bauch. Auch der Oberflügel des adulten Männchens zeigt eine charakteristische graue Färbung, nur die oberen Flügeldecken sind mittelbraun und bilden mit dem braunen Rücken eine Einheit. Der Schwanz ist grau. **Weibchen** sind aus Gründen der Tarnung einfarbiger und brauner gezeichnet. Sie haben ein komplett mittelbraunes Gefieder, einen rotbraunen Schwanz sowie einen deutlichen hellen Flügelbug. Die Kopfplatte, der Nacken und die Kehle sind cremefarben. Männchen im zweiten Sommerkleid ähneln den Weibchen, die Unterflügel lassen jedoch erste silbergraue Merkmale eines Männchens erkennen, dazu haben die Flügel schwarze Spitzen. **Jungvögel** ähneln den Weibchen, ihr braunes Körpergefieder ist jedoch wesentlich dunkler und wirkt auf Entfernung fast schwarz.

Ähnliche Arten sind andere mittelgroße Greifvogelarten wie Schwarz-milan oder Mäusebussard.

VERBREITUNG UND LEBENSRAUM Rohrweihen kommen in weiten Teilen Mitteleuropas vor. Abgesehen von den Gebirgsregionen brüten sie im gesamten Mitteleuropa bis hinauf nach Südschweden und Südfinnland. In Südeuropa kommen sie zerstreut in weiten Bereichen des Tieflandes vor, meiden jedoch allzu trockene Gegenden sowie Bergregionen. In der Wahl des Lebensraumes hat die Rohrweihe sich auf ein Leben in Gewässernähe spezialisiert. Sie ist daher in erster Linie entlang von Flachwasserseen und Feuchtgebieten anzutreffen. In der Wahl des Brutplatzes ist sie durchaus flexibel. Auch kleinste Schilfgebiete können als Brutplatz angenommen werden, solange diese ungestört sind. Neuerdings brüten Rohrweihen auch vermehrt in Mais- und Getreidefeldern und reagieren relativ unempfindlich auf die Modernisierung der Landwirtschaft.

Weltweit sind drei **Unterarten** bekannt, von denen nur die Nominat-form *C. a. aeruginosus* in Europa brütet.

WISSENSWERTES Rohrweihen gehören zu den Zugvögeln, die den Winter in Westafrika, südlich der Sahara verbringen. Sie ziehen im Herbst bereits von Ende Juli bis Oktober mit einem Zugmaximum gegen Ende August nach Süden, um relativ frühzeitig im März und April wieder in den mitteleuropäischen Brutgebieten einzutreffen. Die weitesten Zugwege konnten mit Hilfe von Ringwiederfunden auf knapp 5000 km bestimmt werden. Während der Zugzeiten kann es zu

Rechts: Männliche Rohrweihe mit kennzeichnendem silbergrauen Flügelfeld. Foto D. Nill

erstaunlichen Schlafplatzansammlungen kommen. In störungsfreien Schilfgebieten können im Spätsommer und im Frühherbst bis weit über hundert Rohrweihen allabendlich einfallen, um zu übernachten. Gebietsweise bleiben diese Schlafplätze bis zum Oktober erhalten. Rohrweihen sind somit nur wenig territorial. Eine Voraussetzung für solche Schlafplatzgemeinschaften ist ein reichliches Angebot an Beutetieren. Auch die selteneren Wiesen- oder Kornweihen können mit der Rohrweihe am gleichen Schlafplatz übernachten.

Auch im **Brut**gebiet sind Rohrweihen nur sehr wenig territorial. Sie können in geeigneten Biotopen mit ausreichendem Nahrungsangebot sehr dicht beieinander brüten. In manchen Gebieten können die Nester nur etwa 50 m voneinander entfernt gebaut werden. Rohrweihen zählen zu den Bodenbrütern und bauen ein eigenes Nest aus Schilfhalmen und anderer Vegetation. Die Brut beginnt in der Regel mit der Balz im April. Das Männchen führt dem Weibchen eine akrobatische Flugschau vor, bei der es auffällig schaukelnd hoch am Himmel kreist, sich dann trudelnd bis fast in Bodenhöhe herabfallen

Ein Rohrweihenmännchen segelt über dem Brutgebiet. Foto B. Fischer

lässt, um sich kurz vor einem vermeintlichen Aufprall wieder zu fangen und neu aufzusteigen. Rohrweihen brüten erst in einem Alter von 2–3 Jahren. Der Legebeginn ist um die Monatswende April/Mai. Wie für viele Greifvogelarten typisch, bebrütet nur das Weibchen die 3–6 weißen Eier, während das Männchen für die Nahrung verantwortlich ist. Nach 31–38 Tagen schlüpfen die Jungen. Da das Weibchen bereits nach der Ablage des ersten oder zweiten Eies zu brüten beginnt und die Eier in Abständen von 1–3 Tagen gelegt werden, schlüpfen auch die Jungen mit einigen Tagen Abstand zueinander. Die kleinsten Jungvögel sterben oftmals bereits nach wenigen Tagen aufgrund von Nahrungsmangel. Nach einer Nestlingszeit von 3–4 Wochen verlassen die Jungen bereits das Nest, sie können allerdings erst in einem Alter von 6–7 Wochen fliegen. Nach dem Flüggewerden werden sie noch 2–3 Wochen lang von den Altvögeln mit Nahrung versorgt. Sie können ein Maximalalter von 17 Jahren erreichen, was Beringungen gezeigt haben.

In der Wahl ihrer **Nahrung** können Rohrweihen sehr vielseitig sein. Je nach Lebensraum erbeuten sie Kleinsäuger wie Feldmäuse, Schermäuse oder Maulwürfe. Neben Kleinsäugern können auch in Gewässernähe lebende Vögel eine bedeutende Rolle in der Nahrungswahl spielen. Feldlerchen, Goldammern und Blässhühner sind typische Arten, die von Rohrweihen erbeutet werden können. Insbesondere im Frühsommer ernähren sich Rohrweihen vielerorts von nichtflüggen Jungvögeln von Bodenbrütern. Sie lokalisieren ihre Beute sowohl optisch als auch akustisch. Ähnlich den Eulen haben Rohrweihen einen kreisförmigen Gesichtsschleier, der aus speziellen Federn besteht, die kreisförmig angeordnet sind und die Schallwellen wie bei einem Parabolreflektor verstärken. Durch diese evolutionäre Anpassung können auch Kleinsäuger, die unter dichtem Gras leben, sicher geortet und erbeutet werden.

Erfreulicherweise ist die Rohrweihe nicht wie die anderen Weihenarten von Bestandsrückgängen betroffen. Während die nahe verwandten Arten Wiesenweihe und Kornweihe dramatisch abgenommen haben, haben die Bestände der Rohrweihe zugenommen. Diese erfreuliche Zunahme hat vermutlich mehrere Gründe. Einerseits ist die Anwendung von Pestiziden wie z. B. DDT in den vergangenen

Rohrweihenweibchen mit Nistmaterial. Foto B. Brossette

30 Jahren rapide zurückgegangen, was erfreuliche Konsequenzen für verschiedene Greifvogelarten, darunter auch die Rohrweihe hatte. Andererseits sind Rohrweihen in der Wahl ihres Brutplatzes erstaunlich flexibel geworden. Innerhalb weniger Jahre haben sie früher ungenutzte landwirtschaftliche Bereiche besiedeln können. So brüten sie neuerdings in Feldern, die bis vor etwa 20 Jahren noch nicht als Brutplatz bekannt waren. Dort drohen jedoch andere Gefahren. In vielen Gebieten werden die Rohrweihenbruten durch die Mahd der Landwirte bedroht. Naturschützer haben jedoch vielerorts Abkommen mit den Landwirten getroffen, so dass immer weniger Rohrweihen „ausgemäht" werden.

Rohrweihen sind nur am Brutplatz stimmfreudig. Außerhalb der Brutsaison sind sie nur bei ernsthafteren Bedrohungen zu hören. Die typischen **Rufe** des Männchens zur Balzzeit sind ein „küäh" oder ein „kliäh". Insgesamt hat vermutlich der überwiegend sehr offene Lebensraum dieser Art dazu geführt, dass Kommunikation und Balz überwiegend mit optischen Signalen ablaufen, da die Partner in der offenen Landschaft in der Regel Sichtkontakt haben können.

Kornweihe *Circus cyaneus*

Kornweihen waren einst regelmäßige Brutvögel der Moor- und Heidegebiete der norddeutschen Tiefebene. Durch Lebensraumzerstörungen sind sie in Deutschland jedoch an den Rand des Aussterbens gebracht worden. Heutzutage kann man Kornweihen regelmäßig im Herbst, Winter und Frühjahr beobachten, wenn skandinavische und nordosteuropäische Vögel in Deutschland überwintern. Diese ziehen jedoch im Frühjahr in ihre entlegenen Brutgebiete zurück. Der gesamtdeutsche Brutbestand beträgt heute nur noch etwa 35 Paare, die fast alle in Niedersachsen und Bremen brüten.

KENNZEICHEN Länge 43–52 cm, Spannweite 100–120 cm, Gewicht 300–600 g. Kornweihen sind typische Vertreter der Weihen, die durch einen schlanken Körperbau, langen Schwanz sowie einen flachen Segelflug mit leicht angehobenen Flügeln auffallen. Sie sind sowohl Wiesen- als auch Steppenweihen zum Verwechseln ähnlich, unterscheiden sich jedoch deutlich von der Rohrweihe, da Rohrweihen wesentlich dunkler gefärbt sind. Kornweihen sind etwas schlanker als Rohrweihen, jedoch etwas kräftiger als Wiesenweihen. Insbesondere im Flug fällt die Form der Flügelspitze auf, die zwischen Rohr- und Wiesenweihe liegt. Die Handschwingen zeigen dabei vier deutlich hervorstehende Spitzen („Finger"), wobei die fünfte Handschwinge (von außen gezählt) deutlich länger als bei Steppen- oder Wiesenweihe ist. Adulte **Männchen** sind überwiegend blaugrau gefärbt und haben breite, schwarze Flügelspitzen. Der Bürzel ist leuchtend weiß. Auf der Unterseite entsteht zwischen dem weißen Bauch und der dunkler grau gefärbten Brust ein deutlicher Kontrast. Im Flug erscheint der Flügelhinterrand dunkel. Adulte **Weibchen** ähneln stark weiblichen Wiesenweihen und Steppenweihen. Kornweihenweibchen haben jedoch rundere, breitere Flügelspitzen und ein größeres weißes Bürzelfeld. **Jungvögel** unterscheiden sich von den Weibchen durch eine dunkel gestrichelte rostgelbe Brust, die bei den Weibchen weiß mit dunklen Stricheln ist. Das helle Feld auf den Oberarmdecken ist bei Jungvögeln deutlich wärmer gezeichnet als beim Weibchen, das ein eher kalt graues Feld aufweist. Weibchen und Jungvögel von Korn-, Wiesen- und Steppenweihe sind einander extrem ähnlich und nur mit viel Erfahrung bestimmbar. Die Beine sind gelb. Die Iris der Augen ist bei Altvögeln gelb. Junge Männchen haben eine dunkelbraune Iris, die noch vor dem Flüggewerden im Nest grau wird. Bereits im Herbst des ersten Kalenderjahres färbt sich die Iris gelb. Junge Weibchen behalten die dunkelbraune Iris während der ersten zwei bis drei Jahre, bis sie sich langsam von blass Schokoladenbraun über Bernsteinfarben zu Gelb verfärbt.

VERBREITUNG UND LEBENSRAUM Als Brutvogel ist die Kornweihe aus Mitteleuropa aufgrund von Lebensraumzerstörungen weitgehend verschwunden, wodurch es zu einer sehr lückenhaften Verbreitung kommt. Die europäische Hauptpopulation besiedelt mit etwa 30 000 Paaren Russland. Auch Skandinavien bietet dieser Art noch einen ausreichenden Lebensraum. In Schweden und Finnland leben zusammen etwa 3000 Paare. Spanien und Frankreich stellen mit insgesamt etwa 10 000 Paaren einen weiteren Verbreitungsschwerpunkt dar. In Deutschland brüten nur noch 35 Paare, davon etwa 80 % in Niedersachsen und Bremen. Kornweihen haben traditionell in Moor- und Heidegebieten mit relativ flacher Vegetation gebrütet. Diese **Lebensräume** sind jedoch aufgrund von Trockenlegungen, Torfabstichen und einer intensiven Landwirtschaft heute kaum noch vorhanden. Die mitteleuropäischen Restbestände der

Weibliche Kornweihe am Nistplatz. Wie alle Weihen sind auch Kornweihen Bodenbrüter. Foto Silvestris/Marquez

Kornweihe haben sich mittlerweile überwiegend auf die Wattenmeerinseln zurückgezogen, wo sie einen zuvor ungenutzten Lebensraum vorfanden. Die extensive Art der Beweidung scheint die Bruten auf den Inseln begünstigen. In anderen Gebieten, vor allem in Schottland, besiedeln Kornweihen Heideflächen und Moorgebiete, die dort noch in großer Zahl zu finden sind. Auch Nadelwaldaufforstungen scheinen in Großbritannien ein beliebter Lebensraum zu sein. Außer der Nominatform gibt es keine weiteren **Unterarten**. Die nordamerikanische Schwesterart *Circus hudsonicus,* früher als Unterart der Kornweihe betrachtet, wird mittlerweile von vielen Biologen als eigene Art angesehen.

WISSENSWERTES Kornweihen haben eine ähnliche Lebensweise wie die nahe verwandten Arten Wiesenweihe und Steppenweihe. Sie schlafen an gemeinsamen Schlafplätzen, an denen allabendlich bis zu einige Hundert Weihen einfallen können. Der Anteil adulter Männchen ist dabei normalerweise recht gering. Die nordskandinavischen und nordosteuropäischen Kornweihen sind Zugvögel, die den Winter in Südskandinavien und Mitteleuropa verbringen. Der Herbstzug setzt bereits im September ein und dauert bis Anfang

November. Der Heimzug erstreckt sich über die Monate Februar bis April. Im **Brut**gebiet markiert das Männchen mit auffälligen Schauflügen das Revier. Dabei kann ein sehr altes und erfahrenes Männchen auch mehrere Weibchen haben und mit diesen brüten. Das Nest wird in dichter Vegetation am Boden errichtet. Die 3–6 Eier werden alleine vom Weibchen bebrütet, während das Männchen für die Nahrungsbeschaffung verantwortlich ist. Diese Art der Arbeitsteilung ist für viele Greifvogelarten typisch. Nach 30 Tagen schlüpfen die Jungen, die insgesamt etwa 31–38 Tage lang im Nest bleiben, bis sie flügge sind. Auch nach dem Ausfliegen werden die Jungen noch einige Zeit mit Nahrung versorgt. Kornweihen können in freier Natur bis zu 16 Jahre alt werden.

Diese Art ist ein klassisches Beispiel, wie stark wir Menschen andere Arten oftmals auch unbewusst beeinträchtigen. Lebensraumzerstörungen gehören hierzulande zu den stärksten Bedrohungen für viele Arten, und die Kornweihe ist eine davon. Um ein Überleben der Kornweihe in Deutschland zu sichern, müssen Lebensräume erhalten und neu geschaffen werden.

Kornweihe im Jugendkleid. Foto A. Limbrunner

Steppenweihe *Circus macrourus*

Die Steppenweihe ist ein Brutvogel im äußersten Osten Europas. Sie besiedelt jedoch weite Bereiche Asiens und gehört in Deutschland und Mitteleuropa zu den Ausnahmeerscheinungen. Oftmals handelt es sich bei uns um Jungvögel, die auf dem Herbstzug die falsche Richtung eingeschlagen haben und in Mitteleuropa landen. Auch im Frühjahr, im Mai und Juni, gelangen einzelne Steppenweihen nach Mitteleuropa. Gelegentlich haben sie auch mit Wiesen- oder Kornweihen gebrütet, woraus Hybriden entstanden sind. In Invasionsjahren können ausnahmsweise auch reine Steppenweihenbruten stattfinden. Die Steppenweihe überwintert teilweise in Afrika, wo sie im gleichen Lebensraum wie die Wiesenweihe vorkommt.

KENNZEICHEN Länge 43–48 cm, Spannweite 105–120 cm, Gewicht 235–550 g. Die Steppenweihe ist in Aussehen und Verhalten Korn- und Wiesenweihen sehr ähnlich. Das **Männchen** ist jedoch durchweg heller blassgrau gefärbt und hat ähnlich schmale Flügel wie eine Wiesenweihe, die an der Spitze einen schmalen schwarzen Keil zeigen (schmaler als Kornweihe). Bauch und Brust sind hell, fast weiß. Das **Weibchen** ist einer Wiesenweihe sehr ähnlich gefärbt, hat jedoch insbesondere im Armbereich etwas breitere Flügel. Der Unterflügel unterscheidet sich von einer Wiesenweihe durch die relativ dunklen, gebänderten Armschwingen (Vorsicht, Wiesenweihen im zweiten Kalenderjahr können eine ähnliche, jedoch mehr einfarbige Zeichnung zeigen) und die relativ dunklen Unterflügeldecken. Der Oberflügel ist relativ einfarbig und ohne den schwarzen Strich entlang der äußeren Armschwingenbasen. Auch der untere Handschwingen-Hinterrand ist heller. Die Brust ist oftmals sehr deutlich gefleckt und zeigt zumindest andeutungsweise einen dunkleren Halsring. Auch die **Jungvögel** sind jungen Wiesenweihen sehr ähnlich. Sie zeigen helle Spitzen der inneren Handschwingen (bei Wiesenweihe dunkel), etwas breitere und kräftigere Flügel sowie ein gelbliches Halsband, das von einer dunkleren „Boa" noch verstärkt wird.

Steppenweihe im Jugendkleid. Beachte das angedeutete Halsband. Foto K. Pedersen

VERBREITUNG UND LEBENSRAUM Steppenweihen brüten in Europa nur noch in einer relativ kleinen Population von wenigen hundert Paaren im europäischen Russland. Frühere Vorkommen in der Ukraine sind durch Lebensraumzerstörungen erloschen. In Ausnahmefällen kommt es zu größeren Einflügen und Bruten in Mitteleuropa, so zum Beispiel im Jahre 1952. Im gleichen Jahr haben in Deutschland insgesamt drei Paare gebrütet. Gleichzeitig brüteten auf den schwedischen Ostseeinseln Öland und Gotland insgesamt sechs Paare. Brütende Steppenweihen gehören in Mitteleuropa je-doch zu den absoluten Ausnahmen.

Männliche Steppenweihe auf Beutesuchflug. Das schwarze Feld in den Handschwingen ist kennzeichnend schmal. Foto A. Halley

WISSENSWERTES Steppenweihen gehören mit einer Weltpopulation von etwa 10 000 – 20 000 Paaren zu den gefährdeten Arten. Ähnlich dem Schicksal der Wiesen- und Kornweihe ist die größte Bedrohung die Zerstörung ihres Lebensraumes. In weiten Gebieten Asiens werden Steppengebiete in landwirtschaftliche Nutzflächen umgewandelt, in denen Steppenweihen keine Brutmöglichkeit mehr haben.

149

Wiesenweihe *Circus pygargus*

Die Wiesenweihe ist eine von vier Weihenarten, die regelmäßig in Europa beobachtet werden können. Ihre Bestände haben in Mitteleuropa in den vergangenen Jahrzehnten leider dramatisch abgenommen. In Deutschland brüten heute nur noch etwa 500 Paare dieses einstigen Charaktervogels der Torfmoore und Feuchtwiesen. Es gibt jedoch noch Hoffnung für diesen schlanken und überaus eleganten Greifvogel. EU-Bestimmungen, die dafür gesorgt haben, dass Tausende Hektar landwirtschaftlich genutzter Gebiete stillgelegt wurden, hatten den erfreulichen Nebeneffekt, neue Brut- und Nahrungsgebiete für die Wiesenweihe zu schaffen. In diesen Gebieten haben die Bestände wieder zugenommen.

KENNZEICHEN Länge 43–47 cm, Spannweite 105–130 cm, Gewicht 260–445 g. Die Wiesenweihe ist die schlankeste Weihenart Europas. Insbesondere im Flug fallen die im Vergleich zu einer Rohrweihe sehr langen und recht schmal zulaufenden Flügelspitzen auf. Diese zeigen in der Regel drei gefingerte Flügelspitzen, wobei die fünfte Handschwinge (von außen gerechnet) deutlich kürzer ist als die Flügelspitze. Der Schwanz ist lang und recht schmal. Wiesenweihen gleiten oftmals im niedrigen Suchflug über Wiesenbereiche und Felder. Im Segelflug haben sie die Flügel weihenartig leicht angehoben, wodurch das Flugbild von vorne wie ein weit geöffnetes „V" aussieht. Wie alle Weihenarten zeigt auch die Wiesenweihe einen deutlichen Geschlechtsdimorphismus, was bedeutet, dass **Männchen** und Weibchen deutlich unterschiedlich gefärbt sind. Im Sitzen zeigen männliche Wiesenweihen eine überwiegend braungraue Färbung. Ausnahmen bilden lediglich die dunklen Flügelspitzen, der schwarze Strich im Handschwingenbereich des angelegten Flügels sowie kastanienbraune Strichel auf der Körperunterseite. Im Flug sind auf der Flügeloberseite eine, auf der Unterseite zwei schwarze Querbinden zu sehen. Der gesamte Oberflügel ist dreifarbig. Die Oberflügeldecken sind am dunkelsten und zeigen einen dunklen Grauton. An den Handschwingenbasen geht das Grau in einen sehr hellen Grauton über. Die Flügelspitze ist ausgedehnt schwarz. **Weibchen** sind wesentlich unscheinbarer gefärbt. Sie haben eine braune Oberseite sowie einen hellen Bürzel. Im Vergleich zur sehr ähnlichen Kornweihe hat eine Wiesenweihe wesentlich schlankere Flügel. Die ebenso sehr ähnliche Steppenweihe hat eine etwas breitere Flügelbasis. Dazu zeigen die Oberflügel der Wiesenweihe im Bereich der Armschwingen kurz vor den Großen Armdecken eine kurze schwarze Querbinde, die der Steppenweihe fehlt. Auf der Flügelunterseite ist das weiße Band im Bereich der Armschwingen breiter als bei einer Steppenweihe. Der Wiesenweihe fehlt dazu das deutliche Halsband sowie die dunkle Armschwingen-Unterseite der Steppenweihe. Auch die **Jungvögel** sind jungen Korn- und Steppenweihen sehr ähnlich. Sie unterscheiden sich von der Kornweihe durch die recht einfarbige rostfarbene Unterseite sowie die schlanken Flügelspitzen. Von der Steppenweihe unterscheidet sich die Wiesenweihe durch das fehlende Halsband sowie eine dunkle Endbinde im Bereich der Handschwingen. Insgesamt sind weibliche und junge Wiesen-, Korn-, und Steppenweihen sehr schwierig und in der Regel nur mit viel Erfahrung bestimmbar. Die Beine sind gelb. Die Iris ist bei Altvögeln hellgelb, bei jungen Weibchen ist die Iris dunkelbraun. Junge Männchen haben als Nest-

Adultes Wiesenweihenweibchen mit Beute. Foto H. Hut

Links: Während der Balzzeit übergibt das Männchen Beute in der Luft an das Weibchen. Foto H. Hut

Rechts: Adultes Wiesenweihenmännchen kurz nach der Landung. Die kastanienbraunen Flecken auf dem Unterflügel sind kennzeichnend. Foto H. Hut

linge eine graue Iris, die sich bereits nach wenigen Monaten gelb färbt. Dadurch kann unter guten Beobachtungsbedingungen bereits im Herbst bei jungen Wiesenweihen das Geschlecht bestimmt werden.

VERBREITUNG UND LEBENSRAUM Das einstige große Brutgebiet der Wiesenweihe in Europa ist heute aufgrund der Modernisierung der Landwirtschaft auf eine Vielzahl zerstückelter Inselvorkommen zusammengeschrumpft. Der gesamte Brutbestand beträgt etwa 45 000 Paare, von denen alleine etwa 30 000 im europäischen Russland brüten. Weitere Bestandsschwerpunkte liegen mit etwa 5000 Paaren in Spanien und mit etwa 4500 Paaren in Frankreich. Der deutsche Bestand beträgt etwa 500 Paare, von denen etwa 25 % in Bayern brüten. Aber auch in Niedersachsen, Bremen, Schleswig-Holstein, Brandenburg und Berlin gibt es nennenswerte Vorkommen. Generell schwanken die Bestände je nach Beuteangebot. Erstaunlich hohe Brutdichten können in Gebieten wie der spanischen Estremadura erreicht werden, wo die Wiesenweihe gebietsweise in lockeren Kolonien brütet. Auf einer Fläche von nur 4,5 ha haben dort beispielsweise 23 Paare gebrütet. Es sind außer der Nominatform keine weiteren **Unterarten** bekannt.

WISSENSWERTES Wiesenweihen sind **Zugvögel**, die den Winter in Afrika verbringen und erst im April wieder in Deutschland eintreffen. In der Regel ziehen sie im September bis Oktober wieder nach Süden.

Wenn man also im Januar eine weibliche oder junge Weihe sieht, wird es sich daher mit ziemlich großer Sicherheit um eine nordische Kornweihe handeln, die hier überwintert. Dahingegen sind Kornweihen in Deutschland im Sommer wesentlich seltener als Wiesenweihen zu beobachten, was eine Bestimmungshilfe sein kann. Die **Brut** beginnt ab Ende April und wird durch die auffälligen Schauflüge des Männchens eingeleitet. Nach der Verpaarung wird am Boden ein einfaches Nest aus Grasbüscheln und anderen Vegetationsteilen errichtet. Der Neststandort befindet sich in der Regel in hoher Vegetation versteckt. Nach etwa 27−30 Tagen schlüpfen die 3−5 Jungen, die während der ersten zwei Wochen vom Weibchen gehudert werden. Da Wiesenweihen ihre Eier in Abständen von 1−2 Tagen legen und bereits ab dem ersten Ei brüten, können die Jungen unterschiedlich alt und somit unterschiedlich groß sein. Nach dem Schlüpfen bleiben die Jungen etwa 34 Tage lang im Nest und werden auch nach dem Flüggewerden noch 3−4 Wochen lang von den Eltern versorgt.

Teile der Wiesenweihen haben ihren traditionellen Brutplatz in Wiesenbereichen gegen ein **Getreidefeld** getauscht. Getreidebruten finden in der Regel im Winterweizen statt und sind im Sommer aufgrund der Mahd besonders gefährdet. In einigen Bereichen Deutschlands und Europas werden nach Absprachen mit den Landwirten die Felder nur um das Nest herum abgeerntet, so dass die Wiesenweihen in einer relativ kleinen, verbliebenen Getreideinsel sicher ihre Jungen aufziehen konnten. Diese Art des Vogelschutzes ist nur aufgrund des Einsatzes vieler ehrenamtlicher Naturschützer möglich.

Etwa drei Wochen alte Wiesenweihen (mit einem nicht geschlüpften Ei) im Nest in einem Getreidefeld. Foto F. Heintzenberg

Sperber *Accipiter nisus*

Der Sperber ist eine kleine Version des Habichts und gleicht diesem in Aussehen und vielen Aspekten seiner Lebensweise. Aufgrund seiner geringen Größe hat er sich auf Kleinvögel spezialisiert, die im Überraschungsangriff oder in rasanten Verfolgungsflügen erbeutet werden. Sperber sind Teilzieher. Ein Großteil der skandinavischen Sperberbestände verlässt im Herbst das Brutgebiet, um nach Mitteleuropa zu ziehen. Insbesondere die Jungvögel der mitteleuropäischen Sperberpopulation ziehen im Winter nach Frankreich oder Spanien. Sperber sind seit einem Zusammenbruch der Bestände in den 1960er Jahren heute wieder relativ weit verbreitete Greifvögel. Es sind auch erste Tendenzen erkennbar, dass der Sperber sich zu einem Kulturfolger entwickelt. Er brütet nämlich neuerdings in Parkanlagen und auch Gärten, teilweise nur wenige Meter von bewohnten Häusern entfernt.

KENNZEICHEN *Männchen* Länge 32 cm, Spannweite 62 cm, Gewicht 125–155 g. *Weibchen* Länge 37 cm, Spannweite 74 cm, Gewicht 250–325 g. Sperber sind kleine Greifvögel mit runden Flügeln und einem langen Schwanz, der in der Regel länger als die Breite der Flügel ist. Der Schwanz zeigt 4–5 deutlich sichtbare, schmale Querbinden. Im **Flug** zeigen Sperber ein charakteristisches Flugbild. Sie flattern taubenartig schnell mit den Flügeln, um an Höhe zu gewinnen und lassen sich danach gleitend wieder fallen. Dadurch erscheint die Flugbahn wellenförmig. Wie aus den Maßen des Sperbers hervorgeht, sind beide Geschlechter verschieden groß, was man auch im Freiland deutlich erkennen kann. **Männchen** erreichen nur gut die Größe einer Misteldrossel. Sie haben eine hell schiefergraue Oberseite, die oft bläulich überhaucht ist, sowie eine rostrot gebänderte Unterseite. **Weibchen** sind deutlich größer als die Männchen, haben eine schiefergraue Oberseite, der der Blaustich fehlt und eine dunkelbraun quergebänderte Unterseite. Weibchen fliegen stetiger als die Männchen, die eine schnell flatternde Flugweise zeigen. **Jungvögel** sind oberseits braun. Die dunkle Querbänderung auf der Unterseite ist gröber als beim Weibchen. Die Oberseite zeigt helle Säume auf Rückenfedern und Flügeldecken. **Ähnliche Arten** sind Habicht und in Teilen Südosteuropas auch Kurzfangsperber. Habichte sind deutlich größer als der Sperber, allerdings können vor allem Sperberweibchen und Habichtmännchen im Flug gelegentlich nur schwer voneinander

zu unterscheiden sein. Die Flugweise verrät jedoch oftmals die Art-
zugehörigkeit. Während Sperber mit schnellen, flatternden Flügelschlägen fliegen, schlagen Habichte eher langsam rudernd mit den
Flügeln. Dazu haben Habichte eine deutlich breitere Schwanzwurzel,
rundere Schwanzecken sowie einen langen Hals. Mit etwas Erfahrung

Männliche Sper-
ber haben eine
blaugraue Ober-
seite und eine
orangefarbene
Bänderung auf
der Brust. Foto
J. Diedrich

Junges Sperber-
weibchen im
Flug. Auffallend
sind die runden
Flügel, die gebän-
derte Unterseite
und der lange
Schwanz. Foto
F. Heintzenberg

Adultes Sperber-
männchen im
Flug. Die kur-
zen Flügel und
die orange an-
gehauchte
Unterseite sind
kennzeichnend.
Foto F. Heintzen-
berg

dürfte es mit dieser Merkmalskombination möglich sein, Habicht und
Sperber voneinander zu unterscheiden. In Sitzen fallen die wesentlich kräftigeren Beine des Habichts auf. Dazu haben Sperber einen
verhältnismäßig kleinen Schnabel und einen runden Kopf. Kurzfang-
sperber sind noch nie in Deutschland nachgewiesen worden. Sie
stellen nur im Südosten Europas sowie in Teilen Asiens und Afrikas
ein Verwechslungsrisiko mit dem Sperber dar. Kurzfangsperber sind
jedoch im Flug schlanker und spitzflügeliger. Die sehr hellen Flügel-
unterseiten zeigen deutliche schwarze Spitzen, was für den Kurzfangsperber kennzeichnend ist.

VERBREITUNG UND LEBENSRAUM Sperber sind mit Ausnahme von
Island und dem nördlichsten Skandinavien über ganz Europa verbreitet. Die Nordgrenze des Brutgebietes fällt etwa mit der Baumgrenze
zusammen. Auch in den Hochalpen oberhalb der Baumgrenze fehlt
der Sperber als Brutvogel; er kann jedoch regelmäßig auf dem Zug
beobachtet werden. Der Schwerpunkt des europäischen Bestands
liegt im europäischen Russland, wo etwa 182 000 Paare brüten. Auch
in Großbritannien lebt eine dichte Population, die Schätzungen zufolge etwa 40 000 Brutpaare umfasst. In Deutschland brüten 25 000
Paare mit einer ansteigenden Tendenz. Die Brutbestände einiger anderer Länder mit bedeutenden Populationen können aus der Tabelle
entnommen werden.

Land	Brutbestand
Schweden	30 000
Norwegen	5000
Finnland	7000
Dänemark	3500 – 4000
Irland	10 000
Frankreich	40 000
Spanien	8000

Tabelle: Die Brutbestände des Sperbers in einigen europäischen Ländern im Jahr
2010. Nach Mebs 2012

Sperber brüten überwiegend in Wäldern, gerne in 20 – 40 Jahre alten
Aufforstungen von Fichte, Kiefer oder Lärche. In manchen Gegenden
werden aber auch Laubbäume als Brutplatz angenommen. Der kleine

Greifvogel bevorzugt dabei die Nähe zu Schneisen und Wegen, wo Beuteübergaben stattfinden können und ein freier Anflug an das Nest garantiert ist. Daher bauen Sperber gerne ihr Nest im Randbereich von Wäldern. Für die Jagd ist deckungsreiches Gelände erforderlich wie z. B. Waldlichtungen, Parks und Gärten. In den vergangenen Jahrzehnten hat die Sperberpopulation in Mitteleuropa kräftig zugenommen. Der Grund hierfür mag in dem Verbot von schädlichen

Sperber können im schnellen Flug geschickt auch durch dichteste Wälder manövrieren. Foto D. Nill

Pestiziden liegen, die sich im Sperber, der am Ende der Nahrungskette steht, in hohen Konzentrationen hatten ansammeln können. Parallel mit dem Bestandsanstieg haben die Sperber auch die Wahl des Brutbiotops geändert. Neuerdings brüten sie auch mitten in Städten, wie Beispiele aus Hamburg, Berlin, Köln und einer Reihe weiterer Städte zeigen. Hier nisten sie auf Friedhöfen, in Stadtparks und auch in verwilderten Gärten. Diese Entwicklung legt den Schluss nahe, dass sich der Sperber in der Wahl des Lebensraums, ähnlich dem Turmfalken, zu einem Kulturfolger entwickelt.

Es gibt weltweit sechs verschiedene **Unterarten**, wobei die systematische Stellung einiger in Ostasien vorkommender Sperber nicht ganz geklärt ist. In Europa kommen drei verschiedene Unterarten vor. Die Nominatform *A. n. nisus* lebt in weiten Bereichen Kontinentaleuropas. Die Unterart *A. n. wolterstorffi* lebt auf Korsika und Sardinien und die Unterart *A. n. granti* auf Madeira und den Kanarischen Inseln.

Junges Sperberweibchen auf dem Zug. Der deutlich sichtbare Kropf ist mit einem kurz zuvor erbeuteten Rotkehlchen gefüllt. Foto F. Heintzenberg

WISSENSWERTES Sperber sind reine Vogeljäger. Nur in Ausnahmefällen werden auch Kleinnager erbeutet, dies vor allem zur Zeit der Mahd, wenn Feldmäuse eine leichte Beute sind. Die gesamte Lebensweise und das Aussehen des Sperbers ist jedoch der Vogeljagd angepasst. So haben Sperber verhältnismäßig lange Zehen mit messerscharfen Krallen, die einen sicheren Zugriff auf die schnell fliegenden Kleinvögel ermöglichen. Ihre Jagdweise ist erstaunlich schnell und wendig. Dabei gelingt es Sperbern, auch in dichten Wäldern blitzschnell zu manövrieren, ohne mit Ästen zu kollidieren. So kann er auf eventuell auftretende Hindernisse oder Richtungsänderungen der Beute reagieren. Trotz des schnellen Reaktionsvermögens kann ein Sperber beim Beutefang so stark auf die Beute fixiert sein, dass er eventuelle Hindernisse oder Gefahren völlig übersieht. Es gibt Berichte, dass Kleinvögel während der Flucht vor einem verfolgenden Sperber gegen eine Fensterscheibe prallten. Der nur wenige Meter dahinter folgende Sperber war so sehr auf die Jagd konzentriert, dass er ebenfalls gegen die Fensterscheibe prallte. Die am häufigsten

Porträt eines jungen Sperberweibchens. Die zitronengelbe Iris wird im Alter von etwa einem Jahr dunkler gelb. Foto F. Heintzenberg

erbeuteten Vogelarten sind kleinere Singvögel, darunter Haussperling, Buchfink, Kohlmeise, Feldsperling, Amsel, Star und Singdrossel. Das Sperberweibchen kann auch größere Vögel bis Taubengröße schlagen, hat dann jedoch Probleme damit, die Taube im Flug wegzutragen und muss sie in der Regel vor Ort verzehren.

Sperber werden bereits im Alter von knapp einem Jahr geschlechtsreif, brüten allerdings oft erst im Alter von zwei bis drei Jahren, wenn sie stark und erfahren genug sind, um ein Revier zu übernehmen. Die Balz verläuft relativ unspektakulär, ohne markante Balzflüge. Wie bei vielen anderen Greifvogelarten haben auch Sperbermännchen und Sperberweibchen während der **Brut** streng getrennte Aufgabenbereiche. So brütet ausschließlich das Weibchen, während das Männchen für die Nahrung sorgt. Diese wird in einem Übergaberitual an einem festen Platz in Sichtweite des Nestes übergeben. Während das Weibchen die Nahrung verzehrt, fliegt das Männchen kurzfristig zum Nest, um die Eier warm zu halten. Nach dem Fressen übernimmt das Weibchen wieder das Brutgeschäft. Gegen Ende April bis Mitte

Mai legt das Weibchen in Abständen von 1–2 Tagen die 3–7 Eier in das in der Regel alljährlich neu erbaute Nest. Nach einer Brutdauer von 31–36 Tagen schlüpfen die Jungen. Während der ersten zwei Wochen hudert das Weibchen, während das Männchen weiterhin für Nahrung sorgt. Auch nach der Nestlingszeit von knapp 30 Tagen werden die frisch flüggen Jungen noch mit Nahrung versorgt. Auch hier ist es überwiegend das Männchen, das die Nahrung für die noch unerfahrenen Jungen herbeischafft. Da die Jagdtechnik dieses kleinen Greifvogels viel Geschick erfordert, dauert es noch weitere 2–4 Wochen, bis die jungen Sperber sich selbst mit Nahrung versorgen können. Ihr Flüggewerden fällt jedoch mit dem Flüggewerden vieler Singvogelarten zusammen, so dass die noch unerfahrenen, gerade flüggen Sperber eine reiche Auswahl an ebenso unerfahrenen jungen Singvögeln haben. Während Sperber zur Brutzeit eine sehr heimliche Lebensweise vorziehen, wird man nach dem Ausfliegen der Jungen durch die lauten Bettelrufe auf die Brut aufmerksam. Außerhalb der Brutzeit sind Sperber nicht sehr stimmfreudig und nur in Ausnahmefällen zu hören. Während der Brutperiode dient ein gackerndes und leicht variiertes „kjukjukjukjukjukju…" als Balz-, Kontakt- und Alarmruf.

Der Größenunterschied zwischen Männchen und Weibchen wird Geschlechtsdimorphismus genannt und ist auch von anderen Greifvogelarten bekannt. Für den Sperber kann dieser Unterschied verschiedene Vorteile haben. Zum einen kann das größere Weibchen die Eier effektiver bebrüten. Ein Gelege von bis zu sieben Eiern könnte vom Männchen vermutlich kaum für längere Zeit warm gehalten werden. Zum anderen ist das Männchen geschickter und wendiger und kann somit auch kleinere Vögel erfolgreich erbeuten. Das Weibchen hingegen kann größere Beutetiere fangen und beteiligt sich an der Jagd, sobald die Jungen etwa zwei Wochen alt sind und vom Männchen nicht mehr alleine versorgt werden können.

Sperber können unter guten Bedingungen im Freiland bis zu 20 Jahre alt werden. Die Sterblichkeit der Jungvögel ist im ersten Lebensjahr mit etwa 50–70 % relativ hoch, was für einen dermaßen rasanten Jäger nicht verwunderlich ist. Die unerfahrenen Vögel verunglücken an Autos, Fensterscheiben, Zäunen und anderen Hindernissen oder kommen auf dem Zug über offene Wasserflächen um. Ein Teil der Jungvögel fällt auch größeren Greifen oder Eulen wie Habicht oder Uhu zum Opfer. Im zweiten Lebensjahr verringert sich die Sterblichkeit mit zunehmender Erfahrung dann auf etwa 30–40 %. Gegenwärtig sind Sperber in Europa nicht gefährdet.

Habicht *Accipiter gentilis*

Habichte sind kraftvolle und elegante Greifvögel. Als hochspeziali-sierte und geschickte Jäger sind sie in der Lage, auch im dichten Wald blitzschnell zu manövrieren und Beutetiere, die größer als sie selbst sind, zu fangen. Aufgrund jahrzehntelanger Verfolgung durch den Menschen sind die Habichtbestände in weiten Teilen Europas zurückgegangen. Auch die moderne Forstwirtschaft trägt zu dem Bestandsrückgang bei. Sie wandelt alte Baumbestände, die vom Habicht als Brutplatz benötigt werden, in junge Monokulturen um und nimmt ihm so die Brutmöglichkeiten. Heute ziehen die meisten Habichte eine sehr heimliche Lebensweise vor. Nur selten bekommt man sie zu Gesicht.

KENNZEICHEN Länge 54–67 cm, Spannweite 98–120 cm, Gewicht 700–1300 g. Ein kräftiger, mittelgroßer Greifvogel mit langem Schwanz und relativ kurzen, runden Flügeln. Oberseits überwiegend grau gefärbt, auf der Unterseite sehr hell mit feiner Bänderung. Deut-licher heller Überaugenstreif. Iris gelb bis orange. Weibchen deutlich größer als Männchen, was im Feld ohne direkte Vergleichsmöglich-keiten oftmals nur schwierig zu beurteilen ist. **Sitzend** Habichte sind mittelgroße, kräftig gebaute, aufrecht sitzende Greifvögel. Altvögel mit schiefergrauer bis graubrauner Oberseite und heller, gleichmäßig dunkelbraun quergebänderter Unterseite. Schwanz lang mit drei bis vier dunklen Querbinden. Kopf kräftig mit deutlichem weißen Über-augenstreif und strengem Blick. Beine gelb und kräftig. Augen gelb bis orangerot. Jungvögel oberseits bräunlich, unterseits mit deut-licher dunkler Längsfleckung auf bräunlichem Grund. Iris bei Jung-vögeln gelblich. Lebt scheu und zurückgezogen und kann nur selten sitzend beobachtet werden. **Im Flug** Der Habicht fliegt geschickt mit schnellen, kräftigen Flügelschlägen, die von kürzeren Gleitphasen unterbrochen sind. Flügel relativ kurz und rund, im Handbereich schmaler. Flügelunterseite erscheint bei Altvögeln hell, bei Jung-vögeln dunkler. Wirkt aufgrund des recht langen Halses auf Entfer-nung wie ein fliegendes Kreuz. **Altvögel** sind oberseits schiefergrau bis hellgrau, unterseits weißlich mit dunkelbrauner bis grau-schwärzlicher Bänderung. Iris gelb bis orangerot. **Jungvögel** sind oberseits bräunlich, unterseits beige bis ockergelb mit dunklen Trop-fenflecken. Iris gelblich. Das Jugendkleid wird im Sommer des zwei-ten Lebensjahres in das Alterskleid gemausert.

Ähnliche Arten sind Sperber und in Teilen Südosteuropas Kurzfang-sperber. Beide Arten sind deutlich kleiner als der Habicht und haben eine schnellere Flugweise, im Flug einen kürzeren Hals mit kleinerem Kopf, rundere Flügel und weniger gerundete Schwanzecken. Andere ähnliche Arten sind Gerfalke und Kornweihe.

VERBREITUNG UND LEBENSRAUM Mit wenigen Ausnahmen ist der Habicht über ganz Europa verbreitet. Lediglich nördlich der Nadel-waldtaiga in Nordskandinavien fehlt er. Nach starken Bestandsein-bußen durch die Jagd wurde der Habicht in Deutschland 1970 unter Schutz gestellt, woraufhin sich die Bestände wieder erholt haben. Auch in anderen Ländern sind Habichte stark verfolgt worden. In Großbritannien galt die Art nach 1893 für viele Jahre als ausge-storben. Nach einzelnen Bruten in den Jahren 1938–51 wurde der Habicht ab 1965 dort wieder eingebürgert. Heute leben dort etwa 410 Paare. Der deutsche Brutbestand beträgt etwa 13 000 Paare. Weitere Verbreitungsschwerpunkte liegen in Skandinavien und Ost-europa. In Westeuropa ist die Dichte in der Regel geringer als in Ost-

Bereits im Jugendkleid sind Habichte rasante Flieger. Foto H. Vollmer

und Nordeuropa. Der Bestand Mitteleuropas wird auf etwa 32000 Brutpaare geschätzt, in Nordeuropa leben etwa 18000 Brutpaare und in West-, Süd- und Südosteuropa schätzungsweise 24000 Paare.

Lebensraum Laub-, Misch- und Nadelwälder mit Altholzbeständen. Traditionell gilt der Habicht als Waldvogel, der seinen Horst in alten Laub- oder Nadelbäumen baut. Etwa seit den 1960er Jahren haben Habichte jedoch den Einzug in die städtischen Bereiche und Parks gefunden. Die Reviergröße hängt von Geschlecht, Alter, Status (verpaart, unverpaart), Jahreszeit und dem lokalen Nahrungsangebot ab. Weibchen beanspruchen größere Reviere als Männchen. Auch ist das Winterrevier größer als das Brutrevier. Die Reviergröße variiert auch nach Nahrungsangebot und Längengrad. Im mittleren Skandinavien,

Adultes Habichts-
männchen.
Männchen haben
eine markantere
Kopfzeichnung
als Weibchen.
Foto J. Diedrich

wo die Beutedichte geringer ist als in Mitteleuropa, ist das durchschnittliche Revier wesentlich größer als zum Beispiel in Mitteldeutschland. In Europa brüten drei verschiedene **Unterarten**. Die Nominatform *A. g. gentilis* lebt in weiten Teilen Europas, *A. g. arrigonii* auf Korsika und Sardinien, sowie *A. g. buteoides* in Nordosteuropa.

WISSENSWERTES Adulte Habichte sind Standvögel, die normalerweise das Brutrevier auch im Winter nicht verlassen. Nur die allernördlichsten Bestände Skandinaviens ziehen in den kalten Wintermonaten nach Süden. Jungvögel streifen nach dem Flüggewerden auf der Suche nach geeigneten Lebensräumen und nahrungsreichen Gebieten ungerichtet umher (Dispersion).

Die Tropfenfleckung auf der Unterseite ist für das Jugendkleid des Habichts kennzeichnend. Foto F. Heintzenberg

Die Balz der Habichte beginnt im März. Das Männchen markiert das Revier durch hohe, wellenförmige Balzflüge sowie laute Balzrufe. Nachdem sich das Paar etabliert hat, erfolgt die Eiablage Ende März bis Mitte Mai. Häufig wird der Horst in Altbeständen von Nadel- oder Laubgehölzen errichtet. Manche Horste können vom gleichen Paar über viele Jahre hinweg benutzt werden. Während der 37–39 Tage Brutdauer wird das Weibchen vom Männchen mit Beute versorgt. Diese wird häufig in einem Übergaberitual in Nestnähe an das Weibchen übergeben. Nach etwa 40 Tagen sind die Jungen flügge und verlassen das Revier wenige Wochen später. Habichte sind monogam.

Als geschickte und erfolgreiche Jäger jagen Habichte oftmals von einem Ansitz aus, aber auch im bodennahen Überraschungsflug oder, ähnlich einem Wanderfalken, im Suchflug aus größerer Höhe. Vorzugsweise werden geschwächte oder kranke Individuen häufiger Arten erbeutet. Dadurch dass der Habicht in erster Linie die schwächsten Individuen seiner Beutetiere fängt, trägt er dazu bei, dass die Beutepopulationen gesund bleiben und sich nur die stärksten Individuen fortpflanzen können. Er ist somit ein wichtiger Selektionsfaktor in der Natur. Habichte sind gelegentlich zu Unrecht in die Schlagzeilen geraten, da sie in Ausnahmefällen auch gefährdete Arten wie z. B. Birkhühner erbeuten. Er stellt jedoch keinerlei Bedrohung für die

Junges Habicht-weibchen mit er-beuteter Taube. Foto F. Heintzen-berg

gesunden Birkhuhnbestände dar. Birkhühner sind in Deutschland aufgrund von Lebensraumzerstörung selten geworden und nicht aufgrund des Habichts oder anderer natürlicher Feinde. Ohne geeignete Lebensräume werden sich die Birkhuhnpopulationen nicht erholen können.

Ein Großteil der **Nahrung** besteht aus mittelgroßen Vögeln und Säugetieren, die meist im bodennahen Überraschungsflug erbeutet werden. Zu den weitaus häufigsten Beutetieren gehören Tauben, Krähenvögel, Kaninchen und Eichhörnchen. Besonders die größeren Habichtweibchen können auch Vögel bis Gänsegröße schlagen. Zum Beutespektrum gehören aber auch Kleinsäuger sowie Kleinvögel bis hinab zur Größe eines Goldhähnchens, Amphibien und Reptilien.

Rufe Außerhalb des Brutgebietes sind Habichte nur wenig stimmfreudig. Der Balzruf des Männchens am Brutplatz ist ein lautes, gereihtes „Ki-ki-ki-ki-ki", das zum Ende hin schneller wird. Vor allem nach dem Ausfliegen der Junghabichte aus dem Horst machen diese durch laute „Kjijääh"-Bettelrufe, das sogenannte „Lahnen", auf sich aufmerksam. Diese Rufe ähneln entfernt denen eines Mäusebussards, sind jedoch im Ton schärfer.

MENSCH UND HABICHT Der Habicht ist im Laufe der vergangenen Jahrhunderte zu einem Symbol für einen geschickten und erfolgreichen Jäger geworden. Seine sehr heimliche Lebensweise und die Tatsache, dass er auch das Hausgeflügel der Menschen schlägt, haben sicher zu diesem Mythos beigetragen. Insbesondere Geflügelzüchter haben versucht, durch abergläubische Praktiken den Habicht vom Hausgeflügel fernzuhalten. Diese Praktiken sind regional sehr unterschiedlich gewesen. In der Oberpfalz hat man versucht, das Geflügel dadurch zu schützen, dass man drei Habichtsfedern ausriss und diese in die nächste Gemeinde trug. In Westfalen hingegen hat man einen glänzenden Kessel kopfüber in der Nähe des Federviehs aufgestellt, um mit dessen Hilfe das Geflügel zu schützen. Wie auch Eulen sind viele geschossene Habichte mit ausgebreiteten Flügeln an Scheunentüren festgenagelt worden, was gegen den Tod schützen sollte.

Es gab aber auch jahreszeitlich gebundene Rituale. Wer am Karfreitag seine Hühner durch einen hölzernen Reifen laufen ließ, schützte sie dadurch vor den Angriffen des Habichts. Einer weiteren Ostertradition zufolge hat man von allen Speisen, die auf dem Ostertisch vorhanden waren, etwas um den Hof herum gestreut. Dabei sagte man folgenden Vers auf: „Habicht, Habicht, hier gebe ich dir ein Osterlamm, friss mir keine Hühner auf."

Zwei junge Habichte beim Streit um die Beute. Das eine junge Weibchen „mantelt" über der Beute, während das andere Bettelrufe hören lässt. Foto F. Heintzenberg

Mäusebussard *Buteo buteo*

Mäusebussarde zählen mit ca. 100 000 Brutpaaren zu den häufigs-ten Greifvögeln Deutschlands. Farblich variieren sie von fast ganz weiß bis hin zu dunkel schokoladenbraun. Man sieht sie häufig ent-lang von Straßen auf Zaunpfählen sitzend, was für diese Art cha-rakteristisch ist. Besonders zur Balzzeit im Frühjahr kreisen Mäuse-bussarde hoch am Himmel und machen mit lauten „hiäääh"-Rufen auf sich aufmerksam. Das Nest wird oft in der Astgabel eines alten Baumes gebaut, und die Nahrung besteht zu einem Großteil aus Kleinnagern, aber auch aus Fröschen und Reptilien.

KENNZEICHEN Länge 46−58 cm, Spannweite 110−132 cm, Gewicht 620−1360 g. Der Mäusebussard ist ein mittelgroßer Greifvogel mit breiten Flügeln und gelben Beinen. Die Art weist eine enorme Farb-variation auf. Es gibt fast alle Farbvarianten von nahezu komplett weißen Vögeln bis hin zu sehr dunklen, fast einfarbig braunschwar-zen Individuen. Trotz der großen Farbvariation gibt es arttypische Bestimmungsmerkmale. Im Sitzen ist ein etwas hellere Querbinde auf der Körperunterseite zu sehen. Diese teilt die Brust des Vogels in einen etwas dunkleren oberen Brustbereich und einen etwas helle-ren Bauch. Der Schwanz ist in allen Morphen ähnlich: schmutzig-weiß mit dichten, gräulichen Querbinden. Die Flügel weisen eine schwarze Flügelhinterkante und schwarze Flügelspitzen auf. **Sitzend** Untersetzt wirkend mit rundlichem Bauch, kurzem Hals und mittel-langem Schwanz. Sitzt häufig auf Zaunpfählen, Telefonmasten und anderen Sitzwarten, von denen er nach Beute Ausschau hält. Die Spitze der Flügel erreicht die Schwanzspitze (Habichte haben eine deutliche Schwanzprojektion). **Im Flug** Kreisende Mäusebussarde erkennt man an den breiten, geraden und zur Spitze hin abgerunde-ten Flügeln, die leicht nach vorne gewinkelt sind. Dabei sind die Flü-gel oftmals leicht angehoben, so dass sie von vorne oder hinten betrachtet wie ein stumpfwinkliges „V" aussehen. Der Schwanz ist beim Kreisen oftmals gefächert und ist deutlich kürzer, als die Flügel breit sind. Im Gleitflug werden die Flügel gerade gehalten und die Handflügel leicht nach hinten abgewinkelt. Dabei ist der Armflügel leicht angehoben und der Handflügel leicht nach unten gewinkelt, wodurch ein deutlicher Knick entsteht. Im aktiven Flug schlagen Mäusebussarde mit verhältnismäßig schnellen, steif rudernden Flü-gelschlägen. Die Flügelschlagfrequenz ist deutlich langsamer als

beim Habicht. **Altvögel** zeigen eine breite schwarze Schwanzendbinde, die deutlich breiter als die inneren Binden ist. Dazu sind die
helleren Federn an Brust, Bauch, Hosen und Unterflügeldecken dünn
quergebändert und nicht gefleckt. Die Flügel sind gleichmäßig breit.
Jungvögeln fehlt die breite Schwanzendbinde. Die Körperunterseite
ist deutlich längsgestrichelt und nicht quergebändert wie bei den Altvögeln. Im Vergleich zum Armflügel ist der Handflügel etwas schmaler, so dass die Flügel etwas kurvig wirken. Die Iris ist bei Jungvögeln
etwas heller braun als bei Altvögeln. Die Beine sind gelb. Die östliche
Unterart *vulpinus*, die allgemein als Falkenbussard bekannt ist, hat
einen rostfarbenen Schwanz sowie einen kleinen, hellen Bereich im
oberen Handflügelbereich, der durch aufgehellte Basen entsteht.
Weitere Unterschiede zur Nominatform sind eine weißere Hand-

Kurz nach der
Landung. Der
gleichmäßig
gebänderte
Schwanz ohne
dunkle Endbinde
verrät das Alter
des Mäusebus-
sards – ein Jung-
vogel. Foto
F. Heintzenberg

schwingen-Unterseite, eine mehr einfarbige Körperunterseite sowie bei Altvögeln auf den Unterflügeln eine stark kontrastierende schwarze Flügelhinterkante. **Ähnliche Arten** sind in Deutschland Wespenbussard, Raufußbussard, Rohrweihe und Habicht. In Südeuropa kann der Adlerbussard ein Verwechslungsrisiko darstellen. Wespenbussarde haben einen längeren Schwanz und Hals, gerundete Schwanzecken, sowie eine charakteristische Bänderung des Schwanzes. Raufußbussarde zeigen eine arttypische Schwanzzeichnung mit weißer Basis und einer schwarzen Endbinde. Rohrweihen haben schlankere Flügel sowie ein „V"-förmiges Flugprofil mit leicht angehobenen Flügeln. Auch Habichte sind langschwänziger und langhalsiger, haben rundere Flügel und eine sehr heimliche, komplett andere Lebensweise als der Mäusebussard. Der Adlerbussard ähnelt im Aussehen relativ stark der Unterart *vulpinus*, er hat jedoch längere und schmalere Flügel und rüttelt regelmäßig, was der Mäusebussard nur relativ selten macht.

VERBREITUNG UND LEBENSRAUM Mäusebussarde brüten in ganz Europa und fehlen nur in Teilen Irlands, auf Island sowie in Nordskandinavien, wo sie vom Raufußbussard ersetzt werden. Von gut einer Million europäischer Brutpaare brüten etwa 100 000 in Deutschland. Mäusebussarde sind vom Tiefland bis hinauf ins Hochgebirge zu Hause. In der Wahl ihres Lebensraumes sind sie durchaus flexibel. Sie

Im Flug fallen die breiten Flügel des Mäusebussards auf. Das Foto zeigt einen relativ hellen Jungvogel im September des ersten Lebensjahres. Mäusebussarde dieser Färbung zeigen typischerweise dunkle Hosen und eine dunklere Kehle. Foto F. Heintzenberg

Adulter Mäuse-
bussard im Flug.
Auffallend ist
die breite dunkle
Flügelhinter-
kante sowie die
dunkle Schwanz-
endbinde. Die
Schwungfedern
sind aufgrund der
Herbstmauser
unterschiedlich
alt. Foto F. Heint-
zenberg

bewohnen die verschiedensten Biotope, von der offenen Landschaft mit einzelnen Feldgehölzen bis hin zu Moor- und Waldgebieten mit einzelnen Lichtungen und Schneisen, entlang derer gejagt werden kann. Gerne besiedeln sie die Randbereiche dieser Wälder. Nur das Innere großer Waldgebiete wird gemieden. In einigen baumfreien Gebieten, wie z. B. den Wattenmeerinseln oder Gebirgsregionen, können auch Bodenbruten vorkommen, die häufig jedoch missglücken. Insgesamt sind weltweit elf verschiedene **Unterarten** des Mäuse-bussards beschrieben worden. Die systematische Stellung einiger dieser Unterarten ist jedoch umstritten. In Mittel- und Nordeuropa kommen zwei verschiedene Unterarten vor. Die Nominatform *B. b. buteo* brütet in weiten Teilen Europas sowie in Südskandinavien. Sie ist ein Kurzstreckenzieher oder Standvogel. Die nordöstliche Unterart *B. b. vulpinus*, die auch als Falkenbussard bezeichnet wird, lebt in Teilen Ost- und Nordosteuropas. Die gängige und vielfach in der Literatur veröffentlichte Annahme, dass diese Unterart auch in Nordskandinavien brütet, hat sich inzwischen als falsch erwiesen. Auch in Skandinavien ist der Falkenbussard eine absolute Ausnahme-erscheinung. Falkenbussarde sind Zugvögel, die in Afrika überwin-

171

tern. Sie ziehen normalerweise nicht über Mitteleuropa, sondern schlagen eine östlichere Route ein.

WISSENSWERTES Die **Nahrung** besteht zu einem Großteil aus Kleinsäugern, vor allem tagaktiven Wühlmäusen, aber auch Maulwürfen, Kaninchen und Junghasen. Auch Regenwürmer, große Insekten, Amphibien und kleine Reptilien wie Eidechsen und Schlangen stehen auf dem Speiseplan. Beutetiere mit Gewichten von über 500 g sind vermutlich geschwächt oder verletzt gewesen. Man hat auch verschiedene Kleinvögel im Beutespektrum des Mäusebussards nachgewiesen. Darunter vor allem am Boden lebende Arten, wie z. B. Drosseln. Es wird jedoch nicht ausgeschlossen, dass ein Teil der Vögel anderen Greifvogelarten, wie z. B. dem Sperber abgejagt werden. Vor allem im Winter ernähren Bussarde sich auch von Aas. **Rufe** Mäusebussarde sind im Vergleich zu anderen Greifvögeln erstaunlich ruffreudig und rufen in erster Linie im Flug. Insbesondere zur Balzzeit im späten Februar bis März hört man häufig die zweisilbigen, abfallenden „hii-äääh"-Kontaktrufe, die aber auch von Eichelhähern geschickt nachgeahmt werden können. Die Warnrufe sind schärfer und explosiver „pi-ääh" als der typische Kontaktruf. Erst im Alter von zwei Jahren wird die Art geschlechtsreif. Die erste Brut findet jedoch oftmals erst im Alter von vier oder fünf Jahren statt, wenn die Bussarde ausreichend Lebenserfahrung gesammelt haben. Während der Balzzeit kreisen beide Altvögel oftmals stundenlang laut rufend am Himmel, um das Revier zu markieren. Vorbeifliegende Artgenossen werden aggressiv vertrieben.

Beliebte Neststandorte sind hohe Bäume, überwiegend Eichen oder Kiefern. Verpaarte Vögel haben in der Regel mehrere Horste zur Verfügung, die von Jahr zu Jahr gewechselt werden können. Gelegentlich wird aber auch das gleiche Nest über viele Jahre zur **Brut** genutzt. Legebeginn ist von Mitte März bis Ende April. Die Gelegegröße hängt ganz vom Nahrungsangebot ab. In mäusereichen Jahren können vier Eier gelegt werden, in Jahren mit Mäusemangel nur zwei Eier. Nach der Brutdauer von etwa 34 Tagen schlüpfen die Jungen, die in den ersten zwei Wochen überwiegend vom Weibchen gehudert werden, das auch das Bebrüten der Eier fast ausnahmslos übernommen hat. Nach einer Nestlingsdauer von weiteren fünf Wochen sind die Jungen flügge und machen die ersten Flugversuche. Sie sind als Jäger noch relativ ungeschickt und müssen die Jagdtechnik der Altvögel erst noch erlernen. Deshalb werden sie noch 6–10 Wochen lang von den Eltern gefüttert. Die Bettelrufe flügger Jungvögel sind in dieser Zeit sehr auffällig. Sie ähneln dem Ruf der Altvögel, sind jedoch etwas länger und klagender mit einem deutlicheren Vibrato. Nachdem die Jungen selbstständig geworden sind, streichen sie aus dem elterlichen Revier ab. Mäusebussarde leben überwiegend in Monogamie und gehen in Gebieten, in denen die Bussarde auch im Winter nicht wegziehen, eine Dauerehe ein. Dies gilt für weite Bereiche Mitteleuropas, in denen Mäusebussarde überwiegend Standvögel sind.

Mäusebussarde sitzen gerne auf Pfählen in Wiesenbereichen und entlang von Straßen. Das Foto zeigt einen Altvogel. Foto F. Heintzenberg

Vor allem im Winter werden Beutestücke gegenüber Rivalen rigoros verteidigt. Zu Verletzungen kommt es jedoch nur selten. Foto F. Heintzenberg

Skandinavische Mäusebussarde sind hingegen überwiegend Zugvögel. Ein Großteil der skandinavischen Population zieht im Winter nach Mitteleuropa. Auf dem Zug kann es an Zugengpässen an sonnigen Tagen zu großen Mäusebussard-Ansammlungen kommen. Im schwedischen Falsterbo, von wo aus viele Greifvogelarten über den Öresund nach Dänemark fliegen, werden in jedem Herbst zwischen 15 000 und 20 000 Mäusebussarde beobachtet. Diese sind auf dem Zug sehr gesellig und kreisen in großen Trupps von bis zu mehreren hundert Individuen. In Falsterbo kann man bis zu mehrere Tausend Mäusebussarde an einem einzigen Tag beobachten. Der Grund für diese gewaltigen Ansammlungen in Falsterbo ist die Scheu der Mäusebussarde vor großen Wasserflächen. Da Falsterbo eine Halbinsel ist, die ins Meer hinausragt, nutzen sie diese Strecke als „Sprungbrett" über den Öresund. Sie müssen dabei gute Wetterbedingungen abwarten, um in ausreichender Höhe zu kreisen, um danach ohne einen einzigen Flügelschlag nach Dänemark zu gleiten. Diese Zugtechnik wird von vielen anderen Greifvögeln, Störchen und Kranichen gleichermaßen genutzt und ist sehr energiesparend. Trotz alledem ist der Zug über den Öresund nicht ungefährlich. Gegenwinde können dafür sorgen, dass die Bussarde sich in der Entfernung verschätzen und im Wasser notlanden müssen und dort ertrinken. Aktiv können sie nur über kürzere Strecken fliegen, da die Muskelkraft für eine aktive Flugstrecke mit den breiten Flügeln nicht ausreicht. Das Risiko des Zuges über den Öresund ist jedoch kleiner als das Risiko, in Skandinavien zu überwintern und dort mit den stationären Mäusebussarden um Nahrung zu konkurrieren. Daher bietet sich die herbstliche Reise in ein milderes Klima in Mitteleuropa an. In Deutschland kann der Mäusebussardzug an verschiedenen Orten gut beobachtet werden. Der Grüne Brink auf Fehmarn bietet gute Möglichkeiten, an sonnigen Tagen im März und April die ziehenden Bussarde auf dem Weg nach Skandinavien zu beobachten. Auch im Oktober kann es dort zu größeren Ansammlungen skandinavischer Mäusebussarde kommen, die auf dem Weg nach Mitteleuropa sind. Im Binnenland verteilt sich der Bussardzug, an Zugengpässen wie beispielsweise Gebirgen kann es aber zu höheren Konzentrationen kommen. Ein guter Beobachtungspunkt für ziehende Mäusebussarde und andere Greifvögel ist das Randecker Maar, ein Höhenzug in Baden-Württemberg, an dem es zu größeren Zugkonzentrationen kommen kann.

Innerhalb der vergangenen drei Jahrzehnte haben Mäusebussarde vielerorts stark zugenommen. Sie sind vielfach abhängig von den Populationsschwankungen der Feldmäuse, der Hauptnahrung des Mäusebussards. Früher waren auch Abschuss-, Fang- und Vergiftungsaktionen Faktoren, die die Mäusebussardbestände beeinflusst haben. Auch heute kommt es immer wieder vereinzelt zu illegalen Vergiftungen oder Abschüssen. Im Frühjahr 2006 hat man beispielsweise im Dithmarscher Speicherkoog an der Nordsee zwei ausgelegte Fangeisen gefunden, in denen ein stark verletzter Mäusebussard sich verfangen hatte. Die andere Falle hatte stärker zugeschnappt und einer Krähe die Füße abgeschlagen. Häufig sind falsche Vorstellungen, vor allem über die Nahrung des Mäusebussards, der Grund für solche Aktionen. Obwohl sie überwiegend Mäuse fressen, wird vielerorts geglaubt, dass sie vor allem Hasen (und Kaninchen) schlagen. Der Hasenanteil am gesamten Beutespektrum eines Bussards macht jedoch nur etwa 2–5 % aus, wodurch Mäusebussarde keineswegs als Konkurrenz für die Jägerschaft zu betrachten sind. Glücklicherweise gehören die illegalen Verfolgungen in den meisten europäischen Ländern zu den Ausnahmen. Der Mäusebussard ist heutzutage nicht mehr gefährdet und lässt sich vielerorts auf Zaunpfählen sitzend entlang von Straßen oder hoch am Himmel kreisend beobachten.

Raufußbussard *Buteo lagopus*

Raufußbussarde sind regelmäßige Wintergäste in Mittel- und Osteuropa. Sie brüten in Nordskandinavien bis ostwärts über die russische Taiga hin nach Sibirien. Der Name Raufußbussard ist vom altdeutschen Wort „Rau" (= Pelz) abgeleitet und weist auf die pelzartig befiederten Beine des Bussards hin. Der wissenschaftliche Artname „lagopus" ist griechisch und bedeutet übersetzt „Hasenfuß", eine weitere Anspielung auf die befiederten Beine des Vogels.

KENNZEICHEN Länge 49–59 cm, Spannweite 123–140 cm, Gewicht 600–1600 g. Raufußbussarde haben eine typische Bussardgestalt mit breiten, abgerundeten Flügeln und einem mittellangen Schwanz. Die Flugsilhouette ist im Vergleich zum Mäusebussard etwas langflügeliger und größer, einem Adlerbussard sehr ähnlich. Aufgrund der Größe fliegt der Raufußbussard mit langsameren Flügelschlägen als der Mäusebussard. Häufig rüttelt er in der Luft, um nach Beutetieren Ausschau zu halten. Eines der sichersten Kennzeichen für diese Art ist die helle Schwanzbasis und die mehr oder weniger deutliche, schwarze Schwanzendbinde. Auch im Sitzen ist die Schwanzzeichnung deutlich zu erkennen. Ein weiteres Kennzeichen für einen Raufußbussard ist der kalt-graue Gesamteindruck des Gefieders (Mäusebussarde sind in der Regel wärmer gefärbt) sowie der ausgedehnte dunkle Bauchfleck, den überwiegend Weibchen und Jungvögel zeigen. Im Flug fallen die hellen Unterarmdecken auf, die mit den dunklen Unterhanddecken kontrastieren. **Männchen** und **Weibchen** können anhand der Gefiederfärbung unterschieden werden. Männchen zeigen auf der Schwanzoberseite 2–4 dunkle Querbinden vor der schwarzen Endbinde, Weibchen normalerweise 1–2. Auch auf der Schwanzunterseite des Männchens sind mindestens zwei Schwanzbinden sichtbar. Der Bauch ist in der Regel heller und deutlicher quergebändert als die dunkle Brust. **Jungvögel** sind unterseits längsgestrichelt, während Altvögel quergebändert sind. Insgesamt sind Raufußbussarde im ersten Lebensjahr weniger kontrastreich gefärbt. Die dunkle Schwanzendbinde ist nur diffus angedeutet, die Unterarmdecken sind gelblich (weißlich bei Altvögeln), und der dunkle Bauchfleck ist verwaschen mittelbraun. **Ähnliche Arten** sind Mäusebussard und Adlerbussard. Dazu ist der Raufußbussard aufgrund der Schwanzzeichnung auch mit einem juvenilen oder immaturen Steinadler zu verwechseln. Abgesehen von der wesentlich größeren Gestalt zeigt der Steinadler große weiße Flügelfelder im Bereich der inneren Handschwingen, die dem Raufußbussard fehlen.

VERBREITUNG UND LEBENSRAUM Raufußbussarde brüten in Europa in den nördlichen Tundra- und Taigaregionen Skandinaviens und Nordrusslands. Die südliche Verbreitungsgrenze verläuft durch Mittelschweden nach Südnorwegen. Sie sind annähernd zirkumpolar verbreitet. In Europa schätzt man die Bestände auf etwa 50 000 Paare, von denen etwa zwei Drittel im europäischen Russland brüten. Auch Norwegen hat mit 5000 – 10 000 Paaren eine stabile Population. Kleine Bestände leben auch in Schweden (2000 – 5000 Paare) sowie

Im Sitzen, von vorne betrachtet, ist der dunkle Bauchfleck ein guter Bestimmungshinweis auf einen Raufußbussard. Foto H. Arndt

in Finnland (500–4000 Paare). Je nach den Schwankungen der Mäusepopulationen können auch die Bestände des Raufußbussards stark variieren. Offene Tundragebiete mit Felswänden, die einen geeigneten Brutplatz bieten, werden als **Lebensraum** bevorzugt. Als Bodenbrüter besiedelt er die weiten Fjällgebiete bis hinauf an die Eismeerküste Skandinaviens. Auch im Überwinterungsgebiet werden offene Landschaften bevorzugt. Eine Vielzahl der Raufußbussarde überwintert im Tiefland auf Wiesen und landwirtschaftlich genutzten Gegenden, die ausreichend Nahrung bieten. Von den weltweit vier beschriebenen **Unterarten** brütet nur die Nominatform *B. l. lagopus* in Europa.

WISSENSWERTES Raufußbussarde sind überwiegend **Zug**vögel, die im Winter das nordische Brutgebiet verlassen und in Mitteleuropa und Südskandinavien überwintern. Der Herbstzug beginnt um die Monatswende September/Oktober und zieht sich bis in den November hinein. Manche Raufußbussarde kehren alljährlich in ihr Überwinterungsgebiet zurück. Sie überwintern überwiegend in Osteuropa, können in harten Wintern aber auch invasionsartig in Frankreich und anderen südwesteuropäischen Ländern auftreten. Der Rückzug findet im März und April statt. **Brut** Sobald die Raufußbussarde in ihren Brutgebieten angekommen sind, beginnen sie mit der

Balz. Teilweise finden die Vögel bereits im Überwinterungsgebiet einen Partner, mit dem sie dann nach Skandinavien ziehen und brüten. Raufußbussarde sind überwiegend Bodenbrüter und errichten ihr Nest auf einem Felsvorsprung. In der Taigaregion brüten sie auch in Bäumen. Sie legen 5–7 Eier, in Jahren mit Nahrungsmangel auch weniger, bisweilen schreiten sie gar nicht zur Brut. Die Populationsdichte ist somit stark vom Nahrungsangebot abhängig. Seit Mitte der 1980er Jahre sind starke Wühlmaus- oder Lemminggradationen seltener geworden, so dass die Bestände des Raufußbussards in Skandinavien generell abgenommen haben. Lokal können sich jedoch hohe Kleinnagerdichten bilden, wie beispielsweise im Jahre 2006 in Nordnorwegen, wo der Raufußbussard sehr häufig und verbreitet war.

Nahrung Die Art ernährt sich überwiegend von Kleinnagern, die im niedrigen Suchflug, der von häufigem Rütteln unterbrochen wird, überrascht werden. Wie auch vom Turmfalken bekannt, können Raufußbussarde Kot und Urin von Mäusen und Lemmingen durch die Wahrnehmung von ultraviolettem Licht genau lokalisieren und somit die Jagd auf bestimmte Gebiete optimieren. Ultraviolettes Licht ist ein Bereich des Sonnenlichtes, den wir Menschen nicht wahrnehmen können. Diese spezielle Eigenschaft erleichtert die Jagd nach Kleinnagern in den Weiten der Tundren. Raufußbussarde können im Freiland bis zu 19 Jahre alt werden, was durch Beringungen und Wiederfunde festgestellt worden ist.

Raufußbussarde unterscheiden sich vom Mäusebussard leicht durch den weißen Schwanz mit schwarzer Endbinde. Foto K. Wothe

Adlerbussard *Buteo rufinus*

Adlerbussarde sind Brutvögel Südosteuropas und bewohnen trockene Steppen und Halbwüsten, aber auch waldreiche Mittelgebirge. Nur selten erscheinen einzelne Vögel als Ausnahmegäste in Deutschland. Die europäischen Bestände überwintern als Zugvögel in Afrika.

KENNZEICHEN Länge 50–61 cm, Spannweite 130–150 cm, Gewicht 1000–1400 g. Die Gestalt dieses Greifvogels ist mit den breiten, runden Flügeln und dem mittellangen Schwanz typisch bussardartig. Von der Statur und Flugweise her (rüttelt häufig) ähnelt der Adlerbussard am ehesten einem Raufußbussard. Er hat deutlich längere und schmalere Flügel als ein Mäusebussard und einen dunklen Bauch. Allgemein kann man den Raufußbussard jedoch durch die rötliche Färbung von Flügeldecken, Rücken und Schwanz leicht ausschließen. Adlerbussarde kommen in verschiedenen Farbmorphen vor. Die hellsten Individuen können unterseits fast weiß sein und zeigen einen komplett ungebänderten Schwanz. Das gesamte Körpergefieder kann rostfarben überhaucht sein. Kennzeichnend sind auch die dunklen Bugflecken auf den Handdecken des Unterflügels. Dunklere Morphen zeigen eine deutliche Bänderung des Schwanzes, und

Adlerbussard am Nest mit Jungen, die mit einer Schlange gefüttert werden. Foto W. Suetens

die dunkelsten Individuen können, ähnlich einem Raufußbussard, eine schwarze Endbinde auf dem überwiegend weißen Schwanz zeigen. **Jungvögel** sind heller gefärbt. Ihnen fehlt die schwarze Flügelhinterkante, stattdessen haben sie auf der Flügeloberseite ein helles Handschwingenfeld.

VERBREITUNG UND LEBENSRAUM
Adlerbussarde brüten hauptsächlich im Nahen und Mittleren Osten sowie in Nordafrika. In Europa sind sie nur in Südosteuropa verbreitet. Der Verbreitungsschwerpunkt liegt dabei mit 1500 Paaren im europäischen Russland. Auch in Bulgarien lebt eine stattliche Population von etwa 800 Brut-

Im Flug fällt
der rostrote
Schwanz auf.
Foto T. Pröhl

paaren. Der europäische Gesamtbestand beschränkt sich auf etwa
3100 Paare. Während in Afrika überwiegend Halbwüsten und Trocken-
steppen besiedelt werden, lebt die Art in Europa hauptsächlich in
bewaldeten Mittelgebirgen. Sie beansprucht dabei offene Gebiete
zum Jagen, sowie Felswände, an denen gebrütet werden kann. Weltweit sind zwei **Unterarten** bekannt, von denen die Nominatform
B. r. rufinus in Europa brütet.

WISSENSWERTES Adlerbussarde zählen in Deutschland zu den Ausnahmeerscheinungen. Dennoch tritt die Art mittlerweile fast alljährlich in Süd- oder Mitteldeutschland auf. Die Verwechslungsrisiken
mit abweichend gefärbten oder östlichen Mäusebussarden der Unterart *vulpinus* sind dabei nicht zu unterschätzen, und alle Beobachtungen vermeintlicher Adlerbussarde sollten fotografisch belegt
werden.
Das Brutgeschehen ähnelt dem des Mäusebussards. Das Nest wird
jedoch überwiegend in einer Felswand errichtet. In manchen Gegenden Europas ist der Adlerbussard jedoch ein Baumbrüter. Nach der
Brutzeit zieht die Art ab September/Oktober nach Nordafrika, um erst
im darauffolgenden Frühjahr, im März/April wieder ins Brutgebiet
zurückzukehren.

Schreiadler *Aquila pomarina*

Schreiadler sind Brutvögel Osteuropas. In Deutschland hat der Bestand während der vergangenen 100 Jahre stark abgenommen. Heute brüten sie nur relativ selten in den östlichen Bundesländern. Sie haben ihren Namen durch die oft wiederholten, sehr klangvollen Balzrufe am Brutplatz erhalten. Schreiadler sind Zugvögel, die den Winter in Afrika verbringen. Erst Anfang April erscheinen sie wieder im Brutgebiet.

KENNZEICHEN Länge 61–66 cm, Spannweite 153–177 cm, Gewicht 1000–2200 g. Schreiadler sind mittelgroße und wohlproportionierte Adler mit breiten, „gefingerten" Handflügeln. Auffallend sind das einheitlich dunkelbraune Körpergefieder und die Flügelfedern, die im Kontrast zu den hellbraunen Ober- und Unterflügeldecken stehen. Auch der Oberkopf ist bei Altvögeln hellbraun. Von oben im Flug betrachtet erscheint die Schwanzbasis weiß. Der Schreiadler sieht dem nahe verwandten Schelladler sehr ähnlich. **Altvögel** des Schreiadlers unterscheiden sich von diesem durch eine etwas schmalere und rundere Flügelform, eine verkürzte siebente Handschwinge (von außen gerechnet), die beim Schelladler lang ist und bei diesem einen „Extrafinger" darstellt. Weitere Unterschiede zum adulten Schelladler sind die hellen Flügeldecken, ein für einen Adler relativ kleiner Schnabel sowie doppelte, schmale, helle Halbmondflecken auf den

Schreiadler jagen häufig zu Fuß.
Foto D. Nill

Junger Schrei-
adler bei der Mor-
gengymnastik.
Foto D. Nill

Unterflügeln an den Basen der äußeren Handschwingen. Auch auf
dem Oberflügel ist ein heller Fleck im Bereich der Basen der inneren
Handschwingen zu sehen, der beim Schelladler nur angedeutet ist.
Jungvögel haben dunklere Flügeldecken als Altvögel und zeigen eine
deutlich weiße Flügelhinterkante sowie helle Spitzen der Mittleren
und Großen Oberflügeldecken. Auch immature Steppenadler stellen
ein Verwechslungsrisiko dar. Sie können jedoch vom Schreiadler anhand der etwas längeren und schmaleren Flügel sowie durch deutlich
gebänderte Arm- und Handschwingen unterschieden werden.

VERBREITUNG UND LEBENSRAUM Im Vergleich zum Schelladler
besiedeln Schreiadler ein relativ kleines Verbreitungsgebiet. Sie leben
in weiten Teilen Osteuropas und erreichen ihre westliche Verbreitungsgrenze im Nordosten Deutschlands und im Harzvorland. Die
geschätzte Gesamtpopulation Europas beträgt etwa 16 000 Brutpaare und verteilt sich überwiegend auf die Länder Polen, Litauen,
Lettland, Weißrussland und Rumänien. Der deutsche Bestand wird
auf gute 100 Paare (102 Paare im Jahre 2010) geschätzt und verteilt
sich auf die Bundesländer Mecklenburg-Vorpommern, Brandenburg
und Sachsen-Anhalt. Damit ist der Schreiadler heutzutage wesentlich seltener als vor 100 Jahren. Damals hat er wesentlich weiter

westlich bis nach Husum und Lüneburg gebrütet. In der Wahl des **Lebensraumes** ist der Schreiadler sehr anspruchsvoll. Weite, nur dünn vom Menschen besiedelte Waldgebiete gehören zu den bevorzugten Habitaten. Insbesondere Laub- und Mischwälder mit Feuchtgebieten und Wiesenbereichen werden gerne als Brutgebiet angenommen. Außer der Nominatform *A. p. pomarina* gibt es keine **Unterarten**.

WISSENSWERTES Schreiadler zählen zu den europäischen Greifvogelarten, die in Afrika überwintern. Dabei ist die Art ein ausgesprochener Langstreckenzieher, der südlich der Sahara bis nach Südafrika überwintert. Die langen Wanderungen beginnen auf dem Herbstzug im September und können bis zum November andauern. Der gesamte Weltbestand dieser Art zieht ausschließlich östlich ums Mittelmeer herum und passiert innerhalb weniger Wochen Israel. Die dort durchgeführten Zählungen haben beeindruckende Schreiadlerzahlen von bis zu insgesamt 84 000 Vögeln in einem Herbst erbracht. Aufgrund dieser Zahlen kann man annehmen, dass die Brutpopulationen doch größer sind als bisher angenommen. Nach der Heimkehr aus den afrikanischen Überwinterungsgebieten im April beginnen die Schreiadler mit der Balz. Das Männchen führt beeindruckende wellenförmige

Schreiadler im Jugendkleid. Im Sitzen fällt der im Vergleich zum Schelladler recht kleine Schnabel auf. Foto U. Bergmanis

Schauflüge durch, um ein Weibchen anzulocken. Gelingt dies, bestimmen die beiden Partner den Neststandort, der oftmals über viele
Jahre benutzt wird. **Brut** Das Weibchen legt 1–3, normalerweise aber
zwei Eier und brütet diese etwa 42 Tage lang. Da die Eier in einem
Abstand von 3–4 Tagen gelegt werden und bereits ab dem ersten Ei
bebrütet werden, sind die Jungen in der Regel unterschiedlich alt. Der
jüngste Nestling kann in Jahren mit Nahrungsmangel an die älteren
Geschwister verfüttert werden, ein Verhalten, das man gemäß der
Bibelgeschichte von Abel und Kain „Kainismus" nennt. Von den zwei
Nestlingen wird in etwa 95 % aller Fälle nach 58 Tagen nur ein Jungvogel flügge. Schreiadler leben vielerorts in unmittelbarer Nachbarschaft mit dem Schelladler. Aufgrund der Ähnlichkeit beider Arten ist
es in manchen Gebieten auch zu Mischbruten gekommen. Da ein Teil
dieser Bruten erfolgreich verläuft, gibt es mittlerweile Hybriden aus
Schrei- und Schelladlern, die Merkmale beider Arten aufweisen und
im Freiland vermutlich kaum bestimmbar sind. Die **Nahrung** des
Schreiadlers besteht in erster Linie aus Kleinsäugern bis etwa Jung-
hasengröße. Der Speiseplan des Schreiadlers ist jedoch sehr vielfältig.
Auch Amphibien, Vögel und Insekten werden häufig erbeutet. Normalerweise wird die Jagd von einem Ansitz aus oder im Suchflug
durchgeführt. Schreiadler können aber auch zu Fuß jagen. Mit ihren
langen Beinen können sie Wühlmäuse auch in relativ hoher Wiesen-
vegetation verfolgen. Zu Zeiten, wenn im Sommer die Wiesen ge-
mäht werden, kann man Schreiadler zusammen mit Rot- und
Schwarzmilanen dabei beobachten, wie sie verletzte Tiere hinter
den Mähmaschinen erbeuten und fressen.

Schelladler *Aquila clanga*

Schelladler sind kompakt gebaute Adler, die relativ selten in Wäldern und Auengebieten Osteuropas brüten. Als Kurzstreckenzieher überwintern sie im Nahen Osten südlich des Brutgebietes. Leicht sind sie mit Schreiadlern und auch Steppenadlern zu verwechseln, denen sie sehr ähnlich sind.

KENNZEICHEN Länge 59 – 69 cm, Spannweite 160 – 180 cm, Gewicht 1600 – 3100 g. Schelladler sind kräftige Adler die einen überwiegend dunklen Eindruck hinterlassen. Am ehesten sind sie mit Schrei- und Steppenadlern zu verwechseln. Die Bestimmung wird dadurch kompliziert, dass Schelladler wie auch Schreiadler erst im Alter von fünf oder sechs Jahren ausgefärbt sind und eine Vielzahl verschiedener unausgefärbter Kleider zeigen können. Für die Bestimmung eines fliegenden Schelladlers ist die Körperstruktur wichtig. Im Vergleich zu Schrei- und Steppenadler hat der Schelladler breitere und stumpfere Flügel sowie einen etwas kürzeren Schwanz, wodurch der Adler einen sehr kompakten Eindruck macht. Insgesamt sind Schelladler recht einfarbig gefärbt mit deutlich dunkleren Flügeldecken als beispielsweise der Schreiadler. Die Unterflügeldecken sind dunkler gefärbt als die Hand- und Armschwingen. **Altvögel** sind anhand der relativ einfarbigen dunklen Gesamtfärbung, langer „Finger", einem „vollen" Handflügel sowie nur einem kleinen, halbmondförmigen Fleck an der Basis der Unterseite der äußeren Handschwingen zu erkennen (Schreiadler haben zwei Halbmondflecken). **Jungvögel** zeigen oberseits ein weißes Tropfenmuster, das durch die weißen Spitzen der oberen Flügeldecken und Schwungfedern entsteht.

Kreisender Schelladler im ersten Jahreskleid. Foto F. Heintzenberg

VERBREITUNG UND LEBENSRAUM
Schelladler sind weltweit über weite Teile Asiens verbreitet. Nach Westen hin dehnt sich dieses Brutgebiet bis in den europäischen Bereich Russlands und bis nach Polen aus. Insgesamt ist die Art in Europa jedoch sehr selten, und der europäische Bestand wird auf knapp 900 Brutpaare geschätzt. Von diesen brüten etwa 500 – 800 im europäischen Teil Russlands. In Polen lebt ein kleiner

Bestand von etwa 15 Paaren. Schelladler leben in großen Waldgebieten, die von Seen und Flüssen durchzogen sind. Sie meiden dabei die
Nähe des Menschen und leben vielfach in weit abgelegenen Regionen. Auch im Überwinterungsgebiet ist der Schelladler ans Wasser
gebunden. Er überwintert in großen Feuchtgebieten des Mittleren
Ostens.

WISSENSWERTES Die **Brut** beginnt normalerweise im April. Die 1–3
Eier werden alleine vom Weibchen bebrütet. Da die Eier in Intervallen
von je 3–4 Tagen gelegt werden, schlüpfen die Jungen nach einer Brutzeit von 42–44 Tagen in entsprechenden Abständen und sind während der Nestlingszeit sehr unterschiedlich groß. Im Jahr 2005 kam
es zu einer Mischbrut aus Schell- und Schreiadler in der Nähe von
Greifswald in Mecklenburg-Vorpommern. Schelladler ernähren sich
von Kleinsäugern aller Art, Vögeln, Amphibien und auch toten Fischen.

Steppenadler *Aquila nipalensis*

Steppenadler sind überwiegend Brutvögel Asiens. In Europa brüten sie ausschließlich im äußersten Südosten und werden nur in Ausnahmefällen in Mitteleuropa beobachtet. Sie zählen zu den Charaktervögeln der Steppengebiete und Halbwüsten und überwintern als Langstreckenzieher in Ost- und Südafrika. Im Aussehen ähneln sie einem Schrei- oder Schelladler, sind jedoch etwas größer und haben längere und schmalere Flügel.

KENNZEICHEN Länge 66–79 cm, Spannweite 165–180 cm, Gewicht 2000–3900 g. Der Steppenadler ist eine große, kräftige und kompakt gebaute Adlerart, die an einen Schrei- oder Schelladler erinnert, mit denen sie auch nahe verwandt ist. Von diesen Arten unterscheidet sich der Steppenadler durch einen etwas längeren Hals und Kopf sowie etwas längere Armflügel. In allen Kleidern sind die Schwungfedern stärker gebändert. Aus der Nähe betrachtet fallen der leuchtend gelbe Schnabelwinkel sowie die ovalen Nasenlöcher auf, die beim Schrei- bzw. Schelladler rund sind. Kinn und Kehle sind in allen Altersstufen hell. **Altvögel** sind relativ einfarbig dunkel gefärbt. Die Schwungfedern sind deutlich breit gebändert, die dunkle Flügelhinterkante ist durchgehend. **Sie** zeigen eine undeutliche schwarze Schwanzendbinde. Unterseits ist der Körper dunkler als die Flügel. Da Steppenadler sehr variabel gefärbt sein können, stellen heller gefärbte Vögel ein Verwechslungsrisiko mit dem Schreiadler dar, dunklere Vögel hingegen ähneln dem Schelladler. **Jungvögel** sind wesentlich heller gefärbt als Altvögel. Besonders auffallend ist das breite weiße Band auf den Großen Unterflügeldecken. Die Mittleren und Kleinen Unterflügeldecken sind hellbraun. Auch die Oberflügeldecken und der Rücken sind einfarbig braun. Entlang der Großen Oberflügeldecken ist eine schmale weiße Binde typisch. Im inneren Handbereich erscheint ein deutlicher Flügelfleck. Von oben und unten ist eine weiße Flügel-

Junger Steppenadler im Gleitflug auf dem Frühjahrszug. Der Vogel ist knapp drei Jahre alt. Foto F. Heintzenberg

Adulter Steppenadler beäugt skeptisch den Fotografen, so dass man sich fragen kann, wer hier eigentlich wen beobachtet. Foto F. Heintzenberg

hinterkante zu erkennen. Steppenadler sind erst im Alter von fünf bis sechs Jahren voll ausgefärbt. Die immaturen Steppenadler weisen Gefiedermerkmale von sowohl dem Jugend- wie dem Alterskleid auf und zeigen mit zunehmendem Alter eine immer größere Ähnlichkeit mit adulten Vögeln.

VERBREITUNG UND LEBENSRAUM Steppenadler brüten in Europa nur in Russland. Die Bestände sind nur schwierig einzuschätzen, da aktuelle Angaben fehlen. Schätzungen zufolge leben in den Steppengebieten Südrusslands, nördlich und nordwestlich des Kaspischen Meeres noch ca. 1400 Paare. Steppenadler leben in Halbwüsten und Steppengebieten. Sie überwintern in Afrika. Von den weltweit zwei **Unterarten** des Steppenadlers brütet die Unterart *A. n. orientalis* in Europa.

WISSENSWERTES Steppenadler sind Langstreckenzieher, die in Afrika überwintern. Das Zugverhalten beruht darauf, dass die Zwergziesel, ihre Hauptnahrung, Winterschlaf halten und somit im Winter nicht erbeutet werden können. Im afrikanischen Winterquartier lebt der Adler auch von Aas, anderen Kleinsäugern und Vögeln. Zu Zugzeiten kann es zu lokal zu hohen Steppenadlerkonzentrationen kommen. Da Steppenadler östlich um das Mittelmeer ziehen, können in Israel bis zu mehrere Tausend Steppenadler an einem einzigen Tag beobachtet werden.

Spanischer Kaiseradler *Aquila adalberti*

Spanische Kaiseradler sind nahe Verwandte des Östlichen Kaiser-adlers und wurden bis vor wenigen Jahren als dessen Unterart be-trachtet. Heutzutage genießt die Art einen eigenen Artstatus. Sie brütet mit etwa 279 Paaren nur selten in Spanien und Portugal. Den wissenschaftlichen Namen „adalberti" erhielt die Art zu Ehren von Prinz Adalbert von Preußen, der im 19. Jahrhundert lebte.

KENNZEICHEN Länge 78 – 82 cm, Spannweite 180 – 210 cm, Gewicht 2500 – 3700 g. Adulte Spanische Kaiseradler sind kräftig gebaute Adler mit relativ langen, gleichmäßig breiten Flügeln und einem mittellan-gen hellen Schwanz mit breiter schwarzer Endbinde. Eines der auf-fälligsten Kennzeichen für diese Art ist die helle Flügelvorderkante, die sowohl im Sitzen als auch im Flug deutlich sichtbar ist. Diese Kante wird aus den hellgelben Kleinen Oberarmdecken gebildet und kann sich auch auf den Unterflügel erstrecken. Diese hellen Flügel-decken fehlen dem Östlichen Kaiseradler. Hinterkopf und Nacken sind gelb gefärbt, was den Eindruck einer blonden Perücke hinter-lässt. Jungvögel sind auf Rücken und Flügeldecken einfarbig und ungestrichelt rostrot gefärbt, zeigen einen breiten, weißen Bürzel und Oberschwanzdecken, sowie eine helle Kante entlang der Großen Oberflügeldecken und der Flügelhinterkante. Die inneren Handschwingen sind deutlich aufgehellt und sichtbar gebändert.

VERBREITUNG UND LEBENSRAUM Die Art ist ausschließlich auf der Iberischen Halbinsel verbreitet und hat mit etwa 279 Paaren nahezu ihren gesamten Weltbestand in Spanien. Insbesondere der Süd-westen des Landes ist ein wichtiger Lebensraum für den Spanischen Kaiseradler. In Portugal brüten nur einige wenige Paare. Sie leben in weiten Eichenwäldern in gebirgigen Gegenden, die von Tälern und Flüssen durchschnitten sind.

WISSENSWERTES Spanische Kaiseradler sind Stand- und Strich-vögel. Während die Altvögel das gesamte Jahr über das Brutgebiet nicht verlassen, können Jungvögel auf der Suche nach geeigneten Nahrungsgebieten einige Hundert Kilometer umherstreifen. Sie leben in erster Linie von Kaninchen, ihrer Hauptbeute. Diese werden im niedrigen Suchflug oder von einer Warte aus erbeutet. Vor gut 30 Jah-ren stand der Spanische Kaiseradler am Rand des Aussterbens.

Hauptursachen für Bestandsabnahme waren Stromleitungen, die immer wieder zum Tod der Adler führten, sowie Umweltgifte und Lebensraumzerstörungen. Aufgrund strengerer Schutzmaßnahmen sind die Bestände heutzutage wieder angestiegen. Die Populationen sind jedoch noch immer akut gefährdet. In den letzten Jahren haben auch gelegentlich Mischbruten mit dem Steinadler stattgefunden, aus denen Hybriden flügge geworden sind. Im Jahre 1986 wurde ein Schutzprogramm für die letzten verbliebenen Spanischen Kaiseradler ins Leben gerufen. Ziel des Programms ist es, den Lebensraum dieser Art zu erhalten und mögliche Gefahren wie beispielsweise Strom-leitungen oder Vergiftungen weitestgehend zu unterbinden. Das Schutzprogramm wird auch von der EU gefördert.

Spanischer Kaiseradler mit zwei Jungvögeln am Nest. Foto W. Suetens

Östlicher Kaiseradler   *Aquila heliaca*

Der Östliche Kaiseradler ist ein naher Verwandter des Spanischen Kaiseradlers. Beide Arten wurden bis vor wenigen Jahren als Unterarten angesehen. Heutzutage haben jedoch genetische Untersuchungen ergeben, dass beide Vögel als eigene Arten angesehen werden sollten. Östliche Kaiseradler sind Zugvögel, die in Afrika überwintern.

KENNZEICHEN Länge 78–83 cm, Spannweite 175–205 cm, Gewicht 2500–4500 g. Östliche Kaiseradler ähneln in Größe und Statur einem Steinadler, das Flugbild unterscheidet sich jedoch von diesem durch einen etwas kürzeren Schwanz und gleichmäßiger breite Flügel. Im Gleitflug werden die Flügel eher gerade gehalten (Steinadler hebt die Flügel leicht an). **Altvögel** haben ein schwarzbraunes Gefieder, einen goldgelben Nacken sowie überwiegend weiße Schulterfedern. Ihnen fehlt das steinadlertypische helle Band auf den Oberflügeldecken. Auf dem Unterflügel bildet sich ein Kontrast zwischen den schwärzlichen Decken und den verwaschen grau gefärbten, gebänderten Schwungfedern. Vom Spanischen Kaiseradler unterscheidet die Art sich durch das Fehlen der weißen Flügelvorderkante. **Jungvögel** sind auffallend hell gezeichnet und können am ehesten mit einem Steppen- oder Schreiadler verwechselt werden. Die Flügeldecken, der Bauch und Rücken sind sandfarben gezeichnet und zeigen eine dichte Längsstrichelung. Die Oberschwanzdecken sind im Flug hell cremefarben. Auf der Flügeloberseite fallen helle Spitzen der Mittleren und Großen Decken sowie der Schwungfedern auf, die deutliche weißliche Bänderungen bilden. Die inneren Handschwingen sind aufgehellt und wirken auch auf größere Entfernung wie ein Flügelfenster. Der weißliche Handfleck fehlt, was einen Kaiseradler sicher von einem Schell- oder Schreiadler unterscheidet. Bei Jungvögeln ist der Schwanz schwarz mit einer dünnen weißen Endbinde.

Ein Östlicher Kaiseradler im stark gestrichelten Jugendkleid. Foto A. Halley

Zwei Altvögel
mit einem halb
verdeckten Jung-
vogel am Nest.
Foto J. Harvančik

VERBREITUNG UND LEBENSRAUM Die Art brütet im östlichen Mitteleuropa hinaus bis ins südliche Russland und nach Asien. Der europäische Verbreitungsschwerpunkt liegt mit etwa 1000 Paaren im
europäischen Russland. Insgesamt brüten in Europa etwa 1400 Paare.
Einzelne Vögel gelangen als sehr seltene Ausnahmegäste auch nach
Mittel- und Nordeuropa. In der Wahl des **Lebensraum**s ist der Östliche Kaiseradler nur wenig anspruchsvoll. Er besiedelt Waldsteppen,
aber auch bewaldetes Kulturland mit Bäumen, die als Nist- und
Schlafplatz dienen. In manchen Gebieten ist er auch in den unteren
Lagen von Gebirgsregionen zu finden. Außer der Nominatform *A. h.
heliaca* gibt es keine **Unterarten**.

WISSENSWERTES Als Zugvogel überwintert die Mehrzahl aller Östlichen Kaiseradler im Mittleren und Nahen Osten sowie in Nordost-
afrika. In Deutschland tritt die Art nur sehr selten und nicht alljährlich
auf. Vermutlich wird die Art jedoch auch übersehen, was die Meldung
eines telemetrierten Östlichen Kaiseradlers zeigt. Der mit einem
Satellitensender versehene Adler hielt sich im Spätsommer 2006
einige Zeit in Norddeutschland auf, ohne auch nur ein einziges Mal
gemeldet zu werden. Nur über den Satellitensender konnte man die
Position des Adlers genau bestimmen.

Steinadler *Aquila chrysaetos*

Steinadler zählen zu den mächtigsten Greifvögeln unserer Fauna und sind in Deutschland fast ausschließlich in den Alpen zu Hause. Nachdem sie wie viele andere Greifvogelarten zu Anfang des 20. Jahrhunderts an den Rand des Aussterbens gebracht wurden, genießen sie heute strengen Schutz und brüten im deutschen Alpengebiet mit etwa 40–50 Paaren. Aufgrund ihres majestätischen Aussehens gelten sie in vielen Kulturen als Symbol für Stärke, Macht und in den indianischen Kulturen auch als Gottheit. Oft werden sie auch als Wappentier verwendet. So dient der Steinadler als Maskottchen für die Fußballmannschaft von Eintracht Frankfurt.

KENNZEICHEN Länge 79–95 cm, Spannweite 190–230 cm, Gewicht 2900–6600 g. Das Durchschnittsgewicht der Männchen liegt bei 3800 g, das der Weibchen bei 5200 g. Das Männchen ist somit etwas kleiner als das Weibchen, was im Freiland ohne einen direkten Größenvergleich jedoch oftmals schwierig einzuschätzen ist. Steinadler haben einen sehr kompakten und kräftigen Körperbau. Sie sind etwas kleiner als Seeadler, haben schmalere Flügel und einen längeren, gerade abgeschnittenen Schwanz. Auffallend ist auch die adlertypische Fingerung der Handschwingen. **Altvögel** Der Gesamteindruck eines adulten Steinadlers ist dunkelbraun. Körper und Rücken sind braun gefärbt und zeigen je nach Alter des Adlers auf den Flügeln eine hellere Fleckung. Der Nacken ist goldgelb und variiert individuell in der Helligkeit. Die Beine sind bis zu den gelben Füßen hinab befiedert. Die Iris der Augen ist dunkelbraun. Männchen und Weibchen sind nur anhand der Größe zu unterscheiden. **Jungvögel** im ersten Jahreskleid sind leicht anhand des insgesamt dunkel schokoladenbraunen Körpergefieders zu erkennen. Auch die Flügel sind einfarbig braun ohne Scheckungen. Sie haben auf der Ober- und Unterseite im Bereich der Hand- und Armschwingen große weiße Flügelfelder, die im Flug sehr stark auffallen. Die goldgelbe Färbung von Kopf und Nacken kann bei manchen Individuen fast ins Weißliche übergehen und den Eindruck einer blonden Perücke mit Pagenschnitt hinterlassen. Der Schwanz ist weiß und zeigt eine deutliche weiße Endbinde. Nach dem ersten Lebensjahr wird nach der Mauser ein zweites Jahreskleid angelegt. Kennzeichnend für dieses Gefieder sind die stark abgenutzten Mittleren und Kleinen oberen Armdecken des Flügels, die als gleichmäßig gefärbtes, helles Feld im Armflügel zu sehen sind.

Sie sind insgesamt weniger einfarbig und „sauber" gefärbt als Jungvögel im ersten Jahreskleid. Im dritten Jahreskleid, das dem zweiten
Jahreskleid sehr ähnlich ist, zeigen die großen Oberarmdecken eines
sitzenden Vogels eine helle Reihe alter, verschlissener großer Armdecken. Der Rest des Flügels ist überwiegend neu vermausert und daher
dunkel. Die hellen, alten Federn bilden einen zentral im Flügel posi-
tionierten hellen, länglichen Fleck. Die weißen Flecken auf Ober-
und Unterflügel sind noch weitgehend vorhanden. Vier bis sechs
Schwanzfedern sind bereits neu vermausert. Das vierte Jahreskleid
kennzeichnet sich dadurch, dass das weiße Flügelfeld auf der Unterseite dunklere Flecken bekommen hat. Einzelne Steuerfedern sind
bereits ins Adultkleid vermausert. Im fünften Jahreskleid sind bereits
adulte Schwungfedern ins Flügelfeld gemausert. Der Schwanz
besteht etwa zur Hälfte aus für Altvögel typischen adulten, grau
gebänderten Federn mit dunkler Spitze. Im sechsten Jahreskleid sind
die oberen Flügeldecken heller als im Jahr zuvor. Der Schwanz
besteht noch aus teilweise jüngeren Federn mit weißer Basis. Erst
im Alter von sieben Jahren haben Steinadler das Gefieder eines Altvogels angelegt. Altvögel sind einfarbig braun und auf dem Rücken
deutlich gefleckt. Die Schwingen sind grau gebändert und zeigen
schwarze Spitzen. Auch der Schwanz ist jetzt voll vermausert, grau
gebändert mit einer dunklen Spitze.

Nach längeren
Ruhepausen wer-
den häufig die
Flügel vor dem
Abflug gestreckt.
Foto F. Heintzen-
berg

Deutlich sind die weißen Handschwingenflecken und die weiße Schwanzbasis dieses jungen Steinadlers zu erkennen. Foto F. Heintzenberg

VERBREITUNG UND LEBENSRAUM Steinadler sind in Mitteleuropa in erster Linie Brutvögel der alpinen Hochgebirge. Die europäischen Populationen sind heutzutage aufgrund jahrhundertelanger starker Verfolgung weitgehend zersplittert. Die mitteleuropäische Hochburg der Steinadler ist das Alpengebiet, wo auf deutscher Seite etwa 40 – 50 Paare brüten, die einzigen Brutpaare Deutschlands. In den Österreichischen Alpen kommen etwa 300 – 350 Brutpaare vor. Abseits der Alpen lebt der Steinadler auch im Flachland. In Südskandinavien brütet eine rasch zunehmende Population in Altbeständen von störungsfreien Wäldern. Im südschwedischen Schonen hat sich der Bestand innerhalb weniger Jahre auf etwa 10 Paare verdoppelt. Seit 1999 brüten Steinadler auch in Dänemark.

Weltweit gibt es, je nach Taxonomie, fünf oder sechs verschiedene **Unterarten**, von denen die Nominatform *A. c. chrsaetos* in weiten Teilen Europas beheimatet ist. Die Unterart *A. c. homeyeri*, die etwas kleiner und dunkler als die Nominatform ist, brütet auf der Iberischen Halbinsel, sowie auf den Mittelmeerinseln.

WISSENSWERTES Bei der **Jagd** haben sich Steinadler auf den Überraschungsangriff spezialisiert. Geschickt jagen sie im niedrigen Suchflug entlang von Felswänden. Dort nutzen sie jede Deckung, um

von den Beutetieren nicht vorzeitig bemerkt zu werden. Nur etwa jeder siebente Jagdversuch endet erfolgreich. Ihre Nahrung ist dabei sehr vielseitig und besteht überwiegend aus mittelgroßen Säugetieren und Vögeln. In den Alpen werden in den Sommermonaten vielfach Murmeltiere erbeutet. Daneben machen Gamskitze, Steinbockskitze und Rehkitze einen Großteil der Nahrung aus. In weiter nördlichen Brutgebieten stehen vor allem größere Vogelarten auf dem Speiseplan des Steinadlers. In Dänemark haben sich Steinadler auf Kormorane spezialisiert, die entweder als Jungvögel im Nest erbeutet werden, oder aber auf den Schlafplatzflügen oder auf dem Zug in der Luft geschlagen werden. Im Mittelmeerraum gehören auch Reptilien wie z. B. Landschildkröten zur Beute des Steinadlers. Die erbeuteten Schildkröten werden mit den Krallen gegriffen und aus großer Höhe auf einen Felsen fallen gelassen, wodurch der Panzer der Schildkröte zerbricht. Auch der Suchflug aus großer Höhe wird zur Jagd benutzt. Auf der schwedischen Ostseeinsel Gotland haben sich Steinadler während der Brutzeit darauf spezialisiert, Eiderentenweibchen auf dem Nest zu schlagen. Aus beeindruckender Höhe werden die Eiderenten mit scharfem Blick entdeckt und im rasanten Sturzflug am Boden auf dem Nest überrascht. Auch Igel machen einen hohen Anteil unter den Beutetieren auf Gotland aus.

Junger Steinadler im Beutestreit mit einem adulten Seeadler. Trotz der geringeren Größe sind Steinadler normalerweise dominanter als Seeadler. Foto F. Heintzenberg

Steinadlerpaare bleiben zeitlebens zusammen und verbringen auch den Winter im Revier, während Jungvögel in der Regel das Brutgebiet verlassen und in Regionen mit einem höheren Nahrungsangebot ziehen. Skandinavische Jungvögel ziehen im Herbst nach Südskandinavien und werden erst im Alter von 4–5 Jahren geschlechtsreif. Die **Brut** beginnt im zeitigen Frühjahr. Ab Februar markiert das Männchen an windigen Tagen durch bogenförmige Balzflüge das Revier. Diese Zeit eignet sich gut, um mögliche Steinadlerbruten zu kartieren, da Steinadler später nach Beginn der Brut sehr heimlich leben und nur selten beobachtet werden können. Die 1–3 Eier werden in einem Abstand von 3–5 Tagen ab Ende März gelegt und direkt nach Ablage des ersten Eies bebrütet. Das Weibchen übernimmt das Brutgeschäft während etwa zwei Dritteln der Brutperiode und wird

Links: Männlicher Steinadler im ersten Winter. Die Männchen sind kleiner als die Weibchen. Foto F. Heintzenberg

Rechts: Das zweite Gefieder zeichnet sich durch hellere, abgenutzte Oberflügeldecken aus. Foto F. Heintzenberg

regelmäßig vom Männchen abgelöst. Dieses Verhalten ist für Greifvögel recht ungewöhnlich, da viele Arten eine strenge Arbeitsteilung haben, bei der das Weibchen ausschließlich brütet und das Männchen fast ausschließlich für die Nahrung verantwortlich ist. Nach etwa 43 Tagen schlüpfen die Jungen. In Jahren mit begrenztem Nahrungsangebot wird das jüngste der Geschwister in der Regel an die älteren Geschwister verfüttert, was als „Kainismus" bezeichnet wird und für Greifvögel nicht ungewöhnlich ist. Die Nestlingszeit dauert 65–85 Tage. Nach dem Flüggewerden bleiben die Jungadler noch bis zum Herbst im elterlichen Revier und wandern danach ab, um im Alter von etwa fünf Jahren ein eigenes Revier zu besetzen.

Während die süd- und südosteuropäischen Steinadlerbestände noch immer abnehmen, sind die mittel- und nordeuropäischen Bestände dabei, sich wieder zu erholen. In Skandinavien sind Steinadler über viele Jahre hinweg an Winterfütterungen mit Schweinefleisch und Tierkadavern über den Winter gebracht worden. Auch heute wird gebietsweise noch Fleisch ausgelegt, um vor allem Jungvögeln das Überleben zu vereinfachen. So konnte sich die skandinavische Population über viele Jahre hinweg stabilisieren und sich mittlerweile auch nach Dänemark ausbreiten. In einer Zeit, wo Klettersport und Drachenfliegen immer beliebter werden, nehmen vor allem in den Alpen die menschlichen Störungen zu, die unbeabsichtigt zu einer Gefährdung für die Bruten werden können. Aber auch unverpaarte, herumstreifende Steinadler können Bruten gefährden. Sie zwingen die brütenden Revierbesitzer, viel Zeit mit der Verteidigung ihres Reviers zu verbringen, so dass weniger Zeit für die Beschaffung von Nahrung für die Jungen bleibt. Allgemein ist die Situation für den Steinadler im Alpenraum heutzutage relativ entschärft, und der mächtigste aller deutschen Greifvögel ist nur um Haaresbreite vom Aussterben verschont geblieben.

Ein junger Steinadler im ersten Gefieder fliegt durch das Schneetreiben. Foto F. Heintzenberg

Habichtsadler *Aquila fasciata*

Habichtsadler zählen zu den seltensten Adlerarten Europas. Sie brüten in einem kleinen Vorkommen von insgesamt etwa 800 Paaren in Spanien und Portugal. Auch in einigen anderen Mittelmeerländern leben kleine Restpopulationen. Habichtsadler sind überwiegend Standvögel. Jungvögel streifen nach dem Flüggewerden auf der Suche nach einem eigenen Revier umher.

KENNZEICHEN Länge 55–65 cm, Spannweite 145–165 cm, Gewicht 1500–2200 g. Habichtsadler sind mittelgroße, kräftige Adler, die breite Flügel und einen langen Schwanz haben. Die Schwanzlänge entspricht etwa der Flügelbreite. Das Flugbild erinnert am ehesten an einen Wespenbussard, der jedoch weniger stark ausgeprägte „Finger" und schmalere Flügel hat, und auch kleiner ist. **Altvögel** des Habichtsadlers zeigen im Flug eine weißliche Unterseite mit feinen dunklen Stricheln. Auf den Unterflügeln zeichnet sich ein breites, schwarzes Band auf den Mittleren und Großen Decken ab, das mit den hellgrauen Schwungfedern und den weißen Kleinen Unterflügeldecken stark kontrastiert. Auch der Flügelbug ist schwarz. Dieser wird im Gleitflug vorgeschoben. Der gerade abgeschnittene Schwanz

Habichtsadler sind relativ langschwänzig und zeigen auf der hellen Unterseite dunkle Binden im Bereich der Unterflügeldecken. Foto T. Pröhl

zeigt einen breite, schwarze Endbinde. Oberseits sind adulte Habichtsadler überwiegend graubraun und haben einen weißen Mantelfleck, der sowohl im Flug als auch im Sitzen zu sehen ist. **Jungvögel** fallen durch rostfarbene Unterflügeldecken auf. Die Spitzen der unteren Großen Handdecken sind dunkel und stellen einen Kontrast zum Unterflügel dar. Sowohl der Schwanz, als auch die Schwungfedern sind dicht und gleichmäßig gebändert. Da Jungvögel relativ stark in der Färbung variieren können, gibt es auch sehr helle, fast weißliche Individuen. Die Beine und die Iris sind bei einem Altvogel gelb. Manche Altvögel haben bernsteinfarbene Augen. Junge Habichtsadler haben bräunliche Augen.

Habichtsadler
jagen gerne von
Sitzwarten aus.
Foto M. Simon

VERBREITUNG UND LEBENSRAUM Habichtsadler brüten in Europa ausschließlich im Mittelmeerraum. Ihr Verbreitungsschwerpunkt liegt in Spanien, wo etwa 750 Paare brüten. Weitere 100 Paare leben in Portugal. In den Balkanländern, in Frankreich und Italien kommen kleinere Bestände vor, die in der Regel während der vergangenen 30 Jahre stark abgenommen haben. Der gesamte europäische Bestand wird auf ungefähr 1050 Brutpaare geschätzt. Habichtsadler sind auf ungestörte offene Lebensräume angewiesen und besiedeln gerne gebirgiges Gelände mit steilen Felswänden, die als Nistplatz dienen. Es sind keine **Unterarten** bekannt.

WISSENSWERTES Habichtsadler ernähren sich hauptsächlich von Kaninchen und etwa taubengroßen Vögeln. Es können aber auch Vögel bis Storchengröße gejagt werden, die aus großer Höhe im steilen Sturzflug erbeutet werden. Da Habichtsadler überwiegend Standvögel sind und keine längeren Wanderungen unternehmen, werden sie in Mitteleuropa nur in sehr seltenen Ausnahmefällen beobachtet.

Zwergadler *Aquila pennata*

Der Zwergadler ist ein etwa bussardgroßer Adler, der sein Verbreitungsgebiet überwiegend im Mittelmeerraum, aber auch in Osteuropa hat. Den Winter verbringt er in Afrika. Er kommt in zwei Farbvarianten vor, einer hellen, die in Südeuropa häufiger, in Osteuropa jedoch seltener ist, sowie einer dunklen Morphe. Zwergadler haben eine faszinierende Jagdweise: Sie lassen sich aus großer Höhe im senkrechten Sturzflug auf die Beute fallen, die am Boden geschlagen wird.

KENNZEICHEN Länge 42–51 cm, Spannweite 110–135 cm, Gewicht 635–1150 g. Zwergadler sind relativ kleine Adler, die etwa gut die Größe eines Mäusebussards erreichen. Sie zeigen jedoch sechs deutliche Finger im relativ schmalen und gleich breiten Flügel, der insgesamt adlerartig wirkt. Auch die Flugweise ähnelt eher einem Adler als einem Bussard. Die Art kommt in zwei verschiedenen Farbmorphen vor, einer hellen Morphe und einer dunklen. Die **dunkle Morphe**, die in Südeuropa seltener ist als die helle, wird vermutlich häufiger übersehen, da die dunklen Zwergadler weitaus weniger auffällig sind als die hellen. Häufig werden sie für einen Schwarzmilan oder einen dunklen Bussard gehalten. Umgekehrt ist es aber auch möglich, dass Bussarde für einen Zwergadler gehalten werden. Es ist bei der Bestimmung dieser Art also Vorsicht geboten. Die dunkle Morphe ist überwiegend einfarbig braun, und hat auf der Flügelunterseite ein auffallend schwarzes Band entlang der Großen Unterarmdecken. Der Rest des Unterflügels ist heller gefärbt, die Schwingen sind graubraun gebändert und die Mittleren und Kleinen Unterflügeldecken dunkel bis hell kastanienbraun. Die drei innersten Handschwingen sind deutlich heller und deutlicher gebändert, was auch auf größere Entfernung auffällt. Die Körperunterseite ist dunkelbraun und auf Brust und Bauch dünn gestrichelt. Von unten gesehen ist der Schwanz grau gefärbt, zeigt eine undeutliche Bänderung und ist zur Spitze hin dunkler. Oberseits fällt im Vergleich zu den dunklen Arm- und Handschwingen ein hellerer Schwanz mit weißen Oberschwanzdecken auf. Der Oberflügel zeigt relativ große hellbeigefarbene Flecken im Bereich der Oberen Armdecken. Von vorne gesehen haben 75 % aller Zwergadler an der Flügelvorderkante neben dem Flügelansatz zwei helle Flecken, die auch „Positionslichter" genannt werden. Es gibt aber Rohrweihen und in Ausnahmefällen auch Wespenbussarde, die

diese Positionslichter zeigen können. Die **helle Morphe** ist relativ einfach anhand des scharfen Kontrastes zwischen weißem Bauch und Unterflügeldecken (mit schwarzen Pünktchen) und den schwärzlichen Schwingen zu bestimmen. Drei aufgehellte innere Handschwingen fallen auch hier auf, dazu ist die Schwanzzeichnung wie die der dunklen Morphe. Der Kopf und der obere Brustbereich sind beigefarben bis hellbraun gefärbt. Oberseits ist die helle Morphe wie die dunkle Morphe gefärbt.

VERBREITUNG UND LEBENSRAUM Zwergadler sind Brutvögel Süd- und Osteuropas. Sie leben in Europa in zwei weit voneinander liegenden Populationen. Die eine erstreckt sich über große Teile der Iberi-

schen Halbinsel bis hin nach Frankreich und Nordwestafrika. Die andere Teilpopulation lebt vom europäischen Russland bis hinunter in die Türkei und Griechenland. Dazwischen erstrecken sich weite Gebiete Italiens und Mitteleuropas, in denen keine Zwergadler brüten. Im östlichen Verbreitungsgebiet dominiert zahlenmäßig die dunkle Morphe. Im Westlichen Verbreitungsgebiet ist die helle Morphe häufiger als die dunkle. Insgesamt brüten etwa 6800 Zwergadler im europäischen Raum. Die Verbreitungsschwerpunkte liegen mit etwa 3100 Paaren in Spanien sowie mit 2000 Paaren im europäischen Russland. In Deutschland hat diese Art im Jahre 1995 am Hakel, einem kleinen, isolierten Waldstück in der Magdeburger Börde in Sachsen-Anhalt gebrütet. Dieser Brutplatz ist heutzutage aber nicht mehr besetzt. Es gibt jedoch immer wieder Zwergadler, die in Deutschland übersommern. Eine weitere Brut hat es im Jahre 2005 in Niedersachsen gegeben. Von den beiden Jungvögeln ist zumindest einer flügge geworden. Vermutlich ist der Zwergadler in Deutschland ein regelmäßigerer Gast, als allgemein bekannt ist. Zwergadler führen nämlich während der Brutzeit eine sehr heimliche Lebensweise, dazu werden sicher einige Individuen der dunklen Morphe übersehen. Der typische **Lebensraum** dieses Adlers sind alte Laubwälder, vorzugsweise Eichen, mit Lichtungen, auf denen gejagt werden kann. In einigen Gebieten Südfrankreichs gibt es Anzeichen, dass der Zwergadler sich zu einem Kulturfolger entwickelt. Dort jagt und brütet er in unmittelbarer Nähe zum Menschen. Von den weltweit drei beschriebenen **Unterarten** brütet nur die Nominatform *A. p. pennata* in Europa.

WISSENSWERTES Zwergadler haben eine aufregende **Jagd**weise. Sie können sich am Himmel bis in große Höhe schrauben und dort fast ohne Flügelschläge wie ein Spielzeugdrachen an einer Stelle stehen, um nur die Winde zu nutzen. Von diesem Aussichtspunkt versucht der Adler eine Beute zu entdecken, die aufgrund der großen Höhe in der Regel seine Anwesenheit nicht bemerkt hat. Sobald ein Beutetier entdeckt worden ist, lässt sich der Zwergadler wie ein Stein im senkrechten Sturzflug fallen. Dabei werden die Flügel angelegt und die Beine vorgestreckt. Die Beute wird am Boden überrascht. Es kommt aber auch zu Beuteflügen, die von einer Sitzwarte aus gestartet werden oder die im niedrigen Suchflug erfolgen.

Die **Brut** beginnt um die Monatswende April/Mai. Das Nest, oftmals ein altes Nest einer anderen Greifvogelart, wird mit grünen Zweigen ausgelegt. Die 1–3 Eier werden fast ausschließlich vom Weibchen bebrütet. Nach etwa 38 Tagen schlüpfen die Jungen, die nach weiteren 50–55 Tagen flügge sind. Beringungen haben gezeigt, dass Zwergadler ein Alter von zwölf Jahren erreichen können.

Links: Von einer hohen Jagdwarte wird nach Beute Ausschau gehalten. Foto F. Heintzenberg

Rechts: Im Flug ist der scharfe Kontrast zwischen dunklen Schwungfedern und hellen Unterflügeldecken typisch für die helle Morphe. Foto F. Heintzenberg

Rötelfalke *Falco naumanni*

Rötelfalken leben vom Mittelmeerraum ostwärts bis Südrussland. Sie sind Koloniebrüter in Städten und an Felsklippen. Oftmals brüten sie in unmittelbarer Nähe von Turmfalken. Der deutsche Name des Falken deutet auf den ziegelroten Rücken des Männchens hin. Der wissenschaftliche Artname „naumanni" wurde dem Vogel zu Ehren des deutschen Ornithologen Johann Friedrich Naumann (1780–1857) verliehen.

KENNZEICHEN Länge 26–31 cm, Spannweite 66–72 cm, Gewicht 115–215 g. Rötelfalken sind Turmfalken sehr ähnlich. Sie sind mittelgroße, langschwänzige Falken, die ihre Nahrung häufig im Rüttelflug erbeuten. Ihre Statur ist etwas schlanker als die des Turmfalken und ähnelt eher einem Rotfußfalken, was jedoch ohne einen direkten Größenvergleich nur mit Erfahrung als Bestimmungsmerkmal eingesetzt werden kann. Sowohl Schwanz als auch Flügel sind schmaler und spitzer als beim Turmfalken. **Adulte Männchen** unterscheiden sich vom Turmfalkenmännchen durch die blaugrauen Großen Oberarmdecken und Schirmfedern, die sowohl im Flug als auch im Sitzen ein deutliches blaues Flügelfeld bilden. Der ziegelrote Rücken ist ungefleckt. Dem einfarbig blaugrauen Kopf (blauer als Turmfalke) fehlt der dunkle Bartstreif. Unterseits ist das Männchen etwas heller als ein Turmfalkenmännchen. Die Schwungfedern erscheinen sehr hell und sind nur andeutungsweise gebändert. Diese Bänderung kann jedoch variieren. Die Brustfleckung ist spärlicher als beim Turmfalken, die Flecken runder, oftmals auf einem rostbeigen Untergrund. **Männchen im ersten Sommerkleid** fehlt das blaugraue Flügelfeld. Sie sind auf den ersten Blick einem Turmfalken sehr ähnlich, zeigen jedoch bereits den ungefleckten Rücken und ungefleckte rostfarbene Oberflügeldecken (beim Turmfalken deutlich gefleckt). Die mittleren Steuerfedern können bereits die eines Altvogels sein. **Weibchen und Jungvögel** sind einander und auch weiblichen oder jungen Turmfalken sehr ähnlich. Neben strukturellen Unterschieden haben Weibchen/Jungvögel hellere Unterflügel als Turmfalken. Auch der Kinnstreif ist etwas heller. Das sicherste Merkmal ist die Färbung der Krallen. Sie sind beim Rötelfalken in allen Kleidern hell, beim Turmfalken dunkel. Jungvögel tendieren zu etwas blasseren Farben als Weibchen. Einen weiteren Bestimmungshinweis liefert die **Stimme**, die beide Arten sicher unterscheidet. Turmfalken „kickern" lautstark

„ki-ki-ki-ki...", Rötelfalken haben einen dreisilbigen, recht hohen Ruf, „tsche-tsche-tsche".

VERBREITUNG UND LEBENSRAUM   Rötelfalken sind Brutvögel Süd-europas. Ihr Verbreitungsgebiet erstreckt sich von der Iberischen Halbinsel über Frankreich, Italien, den Balkan bis in den Nahen Osten und Nordafrika. Schätzungen zufolge brüten etwa 25 000 Paare in Europa. Ihr Verbreitungsschwerpunkt liegt dabei mit etwa 14 300 Paaren in Spanien. Auch in Italien, Mazedonien und Griechen-land leben größere Populationen. Nur in Ausnahmefällen erreichen Rötelfalken Mittel- und Nordeuropa. Die Zahl der Nachweise in

Rötelfalken er-nähren sich über-wiegend von Insekten. Das Männchen ist leicht an der zie-gelroten Ober-seite, dem blauen Flügelfeld und der blaugrauen Kopfkappe zu erkennen. Foto M. Simon

Rötelfalken sind Kulturfolger, die gerne in Städten in alten Gebäuden brüten. Im Bild ist links das Männchen und rechts das Weibchen zu sehen. Foto L. Braun

Mitteleuropa ist in den vergangenen Jahren jedoch leicht angestiegen, was in erster Linie daran liegen mag, dass auch die Zahl der Vogelbeobachter gestiegen ist. Rötelfalken gehören jedoch zu den extremen Ausnahmeerscheinungen und werden nicht einmal alljährlich in Mitteleuropa beobachtet, vermutlich aber auch nicht immer als solche erkannt. Ihr **Lebensraum** sind offene Landschaften mit trockenem Charakter. Gerne wird an felsigen Hängen mit nur spärlicher Vegetation, auf Brachflächen und gemähten Wiesen nach Nahrung gesucht. Für die Brut werden alte Gebäude mit Löchern im Mauerwerk und unter Dachziegeln benötigt. Es gibt außer der Nominatform keine weiteren **Unterarten**.

WISSENSWERTES Rötelfalken sind **Zugvögel**, die den Winter in Afrika südlich der Sahara verbringen. Als Breitfrontzieher kommt es auf dem Zug nicht wie bei vielen anderen Greifvogelarten zu großen Ansammlungen an Zugengpässen. Sie überqueren das Mittelmeer an verschiedenen Orten, einzeln oder in kleineren Gruppen. Der winterliche Lebensraum besteht aus Grassteppen in ost- und südafrikanischen Hochlandgebieten. Rötelfalken sind nicht nur während der Brutzeit, sondern auch im afrikanischen Winterquartier sehr gesellig. Sie übernachten in großen Gruppen von bis zu 2000 Individuen in alten Bäumen und sind dabei sehr ruffreudig. In den frühen Morgenstunden verlassen die Falken den gemeinsamen Schlafplatz, um auf Nahrungssuche zu gehen. Untersuchungen haben ergeben, dass die Jagdgebiete bis zu 33 km von den Schlafplätzen entfernt liegen können.

Nach der Ankunft im **Brut**gebiet im März und April beginnen die Falken mit der Balz und der Wahl des Brutplatzes. Das einfache Nest besteht in der Regel aus einer Vertiefung in einem Mauervorsprung, unter einem Dachziegel oder auch in Erdhöhlen an lehmigen Steilwänden. Rötelfalken sind Koloniebrüter und leben gerne in gemischten Kolonien mit Turmfalken. Die 3–6 Eier werden 28–29 Tage lang bebrütet. Nach einer Nestlingszeit von weiteren 37 Tagen sind die Jungen flügge und ziehen im September und Oktober nach Afrika, wo sie in der Regel die ersten beiden Lebensjahre verbringen, bevor sie wieder in Südeuropa erscheinen, um zum ersten Mal zu brüten.

Bestandsentwicklung Rötelfalken haben bis in die 1980er Jahre auch in Mitteleuropa gebrütet. Die letzten Kolonien in Südösterreich sind seit 1984 verlassen. Auch viele andere Länder, in denen die Art noch bis in die 1950er Jahre ein regelmäßiger Brutvogel gewesen ist, weisen starke Bestandsrückgänge auf. In manchen Gebieten sind die Vorkommen innerhalb nur weniger Jahrzehnte um über 80 % zurückgegangen. Die Ursachen für diese drastischen Abnahmen sind vermutlich in der Intensivierung der Landwirtschaft zu suchen. Die daraus resultierende Lebensraumzerstörung nimmt den Falken die Nahrungsquellen, was zur Folge hat, dass Jungvögel verhungern und somit der Bruterfolg reduziert wird. Auch im afrikanischen Winterquartier sind Gründe für die rückläufigen Bestände des Rötelfalken zu finden. Massive Einsätze von Insektiziden sorgen dafür, dass Heuschrecken verschwinden, die den Falken als Nahrung dienen. Glücklicherweise haben sich diese Bestandsrückgänge zumindest in Spanien und im europäischen Russland mittlerweile stabilisiert, und die Vorkommen weisen wieder positive Tendenzen auf.

Die **Nahrung** des Rötelfalken besteht überwiegend aus Insekten, wie beispielsweise Heuschrecken und Käfern, die im Flug oder am Boden erbeutet werden. Wie auch der Turmfalke rüttelt der Rötelfalke regelmäßig, um aus der Luft nach Beute Ausschau zu halten. Die Bodenjagd erfolgt, ähnlich wie beim Rotfußfalken, zu Fuß.

Turmfalke *Falco tinnunculus*

Turmfalken sind weit verbreitete Brutvögel Deutschlands und zählen nach dem Mäusebussard zu den häufigsten Greifvögeln Mitteleuropas. Sie fallen auch einem Laien dadurch auf, dass sie rüttelnd in der Luft stehen können, um nach Beute Ausschau zu halten. In ihrer Beutewahl haben sie sich fast ausschließlich auf Kleinnager wie Wühlmäuse spezialisiert. Nur selten werden Vögel erbeutet. Turmfalken brüten als Kulturfolger in der Nähe des Menschen, oftmals in alten Kirchtürmen, was der Art ihren Namen gegeben hat.

KENNZEICHEN Turmfalken zählen zu den relativ kleinen Falkenarten. Nur gut taubengroß haben sie eine sehr schlanke Körpergestalt mit einem langen, abgerundeten Schwanz und schmalen, recht langen und spitzen Flügeln. Die Flügelspitzen erreichen im Sitzen das Schwanzende. Männchen und Weibchen sind deutlich verschieden gefärbt. Das **Männchen** ist anhand des grauen Kopfes und des grauen Schwanzes mit einer schwarzen Endbinde, die weiß gesäumt ist, leicht zu erkennen. Auch der Hinterrücken und die Oberschwanzdecken sind hellgrau gefärbt. Der Rücken zeigt auf einem rotbraunen Grund ein schwärzliches Rautenmuster. Unterseits ist es cremefarben gefärbt und nur leicht bräunlich gestreift oder gefleckt. Die Unterflügel des Männchens sind hell weißlich. Vom Gesamteindruck her ist das **Weibchen** wesentlich brauner gefärbt als das Männchen. Den Weibchen fehlen die auffallend grauen Gefiederpartien des Männchens. Sie sind auf dem braunroten Rücken dunkel quergebändert. Der Schwanz ist im Gegensatz zu dem des Männchens braun und dicht, dunkel quergebändert. Eine dunkle Querbinde mit einem deutlichen breiten Saum zeichnet das Schwanzende. Insgesamt wirken die Weibchen dunkler als die Männchen. Auch ihre Unterseite ist deutlich dunkler und stärker gefleckt. Der Kopf ist braun mit dunklen Stricheln. **Jungvögel** sind in ihrer Gefiederfärbung einem Weibchen sehr ähnlich. Sie zeigen jedoch rundere Flügelspitzen und haben insgesamt etwas kürzere Flügel als die Altvögel. Die Handschwingen sind hell gesäumt, was jedoch nur unter guten Beobachtungsbedingungen zu erkennen ist. Die Beine und Füße sind gelb gefärbt und haben schwarze Krallen. Die Augen sind dunkel.

VERBREITUNG UND LEBENSRAUM Mit Ausnahme von Island brütet der Turmfalke in ganz Europa. Er hat sich als Kulturfolger und ausge-

prägter Lebenskünstler an die verschiedensten Lebensräume angepasst. Häufig besiedelt er die offene Feldlandschaft mit extensiverer
Landwirtschaft, die gute Mäusepopulationen als Nahrungsgrundlage
bieten kann. Aber auch Meeresküsten mit geeigneten Klippen, die
als Neststandort dienen, werden gerne als Revier angenommen. In
anderen, weniger bergigen Landschaften ist das Nest oftmals in alten
Bäumen, Kirchtürmen oder alten Gebäuden mit Mauervorsprüngen
und Nischen jeglicher Art zu finden. Auch Nistkästen, die an Gebäuden oder Strommasten aufgehängt werden, werden gerne angenommen. Oftmals können Brutplatz und Jagdrevier einige Kilometer
weit voneinander entfernt sein. Turmfalken können auch mitten in
Großstädten leben. Berlin hat eine Population von etwa 200–300
Turmfalken. Sie leben im städtischen Milieu überwiegend von Kleinvögeln wie z.B. Sperlingen und Finken. Das Leben in der Großstadt
bringt jedoch auch Gefahren mit sich. So verunglücken vor allem Jungvögel regelmäßig an Fensterscheiben, werden von Autos überfahren
oder fallen aus dem Nest. Der gesamtdeutsche Bestand wird auf
57 000 Paare geschätzt. Begrenzende Faktoren für den Bestand sind

Männliche Turm-
falken sind leicht
an dem blau-
grauen Schwanz
und der gleichfar-
bigen Kopfkappe
zu erkennen. Foto
D. Nill

Links: Die Flügelunterseite des Turmfalkenmännchens erscheint sehr hell. Deutlich ist die schwarze Schwanzendbinde zu erkennen. Foto F. Heintzenberg

Rechts: Adultes Turmfalkenweibchen. Weibchen sind Jungvögeln sehr ähnlich. Jungvögel haben rundere Steuerfederspitzen und halbmondförmige schwarze Flecken. Foto F. Heintzenberg

sowohl die Zahl geeigneter Brutplätze als auch das Nahrungsangebot. In Europa kommen fünf verschiedene **Unterarten** vor. Die Nominatform *F. t. tinnunculus* brütet in weiten Teilen Europas und wird nur von einigen inselbewohnenden Unterarten ersetzt. So brütet auf den westlichen Kanarischen Inseln und Madeira die Unterart *canariensis*, auf den östlichen die Unterart *dacoticae*. Auf den nördlichen Kapverdischen Inseln lebt die Unterart *neglectus*, auf den südlichen die Unterart *alexandri*.

WISSENSWERTES Wie auch die nahe verwandten Arten Rötelfalke und Rotfußfalke jagen Turmfalken im **Rüttelflug**. Sie stehen dabei in der Luft an einer Stelle, schlagen schnell mit den Flügeln und steuern und balancieren mit dem Schwanz. Der Kopf wird dabei ruhig gehalten und fixiert die Beute. Turmfalken haben für diese Jagdtechnik einen besonderen Sehsinn entwickelt. Ihre Augen können nicht nur die für uns Menschen sichtbaren Wellenlängen des Lichtes aufnehmen. Sie sehen auch die für uns Menschen unsichtbaren ultravioletten Wellenlängen. Man vermutet, dass sie dadurch in der Lage sind, den Urin von Mäusen zu erkennen, der im ultravioletten Licht besonders intensiv leuchtet, bei normalem Tageslicht jedoch farblos erscheint. Dadurch sind die Falken in der Lage, die oft im Gras versteckten Gänge der Mäuse mit scharfem Blick aus der Luft zu kontrollieren. Da der Rüttelflug relativ viel Energie kostet, jagt die Mehrzahl aller Turmfalken von einer Ansitzwarte aus. Etwa 15–20 % aller Beutefangversuche verlaufen erfolgreich. Wie alle anderen Falkenarten auch, haben Turmfalken 15 Halswirbel, die eine sehr hohe Beweglichkeit des Kopfes ermöglichen. Dadurch kann ein Turmfalke den Kopf um etwa 180 Grad drehen. Die **Balz** der Turmfalken beginnt im März oder April. Die Männchen grenzen dabei ihr Revier mit Balzflügen gegenüber Rivalen ab. Während dieser Balzflüge schlagen sie ruckartig mit den Flügeln, drehen sich halb um die Längsachse und fallen danach im raschen Gleitflug nach unten ab. Sobald es einem Männchen gelungen ist, das Interesse eines Weibchens zu wecken, geht die Balz in die Paarungsphase über. Die Initiative zur Paarung geht dabei vom Weibchen aus, das nach der Kopulation 3–6 Eier legt. Nur das Weibchen brütet. Das Männchen versorgt es während der gesamten Brutperiode mit Nahrung. Das Nest wird nicht von den Falken selbst gebaut, sondern ist in der Regel ein altes Taubennest oder Krähennest. Da der kleine Falke zu schwach ist, um Krähen aus bereits besetzten Nestern zu vertreiben, übernimmt er überwiegend verlassene Nester aus dem Vorjahr. Nach einer Brutzeit von etwa 28 Tagen schlüpfen die Jungen und werden in den ersten Lebenstagen vom Weibchen gehudert. Nach einer Nestlingszeit von etwa zwei Wochen beginnt auch das Weibchen damit, die immer hungriger werdenden Jungen mit Nahrung zu versorgen. Die Jungen wachsen jetzt sehr

Junger Turmfalke im Herbst des ersten Lebensjahres. Das Rückengefieder zeigt helle Säume, was für Jungvögel charakteristisch ist. Foto F. Heintzenberg

schnell und haben nach der dritten Lebenswoche das Gewicht der Altvögel erreicht. Nach vier Wochen haben die jungen Falken ein komplett entwickeltes Jugendkleid und sind bereit, die ersten Flugversuche zu starten. Untersuchungen an brütenden Turmfalken haben erstaunliche Ergebnisse ans Tageslicht gebracht. Die Annahme, dass das Geschlecht der Jungvögel dem genetischen Zufall überlassen ist, wurde widerlegt. So wurde festgestellt, dass Turmfalken, die spät brüten, überwiegend weibliche Jungvögel aufziehen. Bei Bruten, die im zeitigen Frühjahr begonnen werden, überwiegen männliche Jungvögel. Der genaue Mechanismus dieses Phänomens, wie die Falken das Geschlecht ihrer Jungen vor der Eiablage bestimmen können, ist bisher unbekannt. Man vermutet, dass es für die Falkenpopulationen vorteilhaft ist, bei späten Bruten überwiegend Weibchen zu produzieren, da Weibchen kein eigenes Revier besetzen müssen. Auch wenn sie noch relativ jung sind, können sie bereits zur Brut schreiten, da sie erst spät im Vorjahr geschlüpft sind. Die Tatsache, dass frühe Bruten in erster Linie Männchen produzieren, hat den Vorteil, dass dadurch der Weibchenüberschuss später Bruten ausgeglichen werden kann. Außerdem können früh geschlüpfte Männchen Lebenserfahrungen sammeln und zu kräftigen Vögeln heranwachsen, um bereits im nächsten Jahr ein eigenes Revier zu

Turmfalken brüten in Gebäuden und sind typische Kulturfolger, die sich dem Menschen angepasst haben. Foto E. Thielscher

besetzen. **Zug** Turmfalken können im Winter in Gebiete weit abseits ihrer Brutplätze ziehen. Obwohl sie nicht zu den ausgeprägten Zugvögeln gehören und regelmäßig in größerer Zahl auch im Winter in Deutschland anzutreffen sind, zieht vor allem ein Teil der Jungvögel im Herbst bis nach Afrika. Wo die Turmfalken die kalte Jahreszeit verbringen, hängt in erster Linie vom Nahrungsangebot ab. Skandinavische Turmfalken ziehen regelmäßig nach Südeuropa. Sie ziehen jedoch in relativ breiter Front, so dass die Zugbestände nur schwierig zu erfassen sind. Während sich andere Greifvögel an Zughindernissen sammeln, um große Wasserflächen mit Hilfe von Thermik bei guter Wetterlage kreisend zu überfliegen, können Turmfalken im aktiven Flug auch das Mittelmeer oder die Alpen überqueren. Im südschwedischen Falsterbo, wo alljährlich über 40 000 Greifvögel im Herbst nach Süden ziehend beobachtet werden, ist der Turmfalke mit etwa 400 Vögeln nur relativ spärlich vertreten. Er zieht einzeln über andere Zugrouten. Südschwedische Turmfalken überwintern auch in Polen, Deutschland und den Niederlanden. Die deutsche Brutpopulation bleibt je nach Wetterlage in oder in der Nähe des Brutgebietes. Die Lebenserwartung eines Turmfalken beträgt in der freien Natur maximal etwa 16 Jahre.

Früher haben Turmfalken häufig in Höhlen in alten Bäumen gebrütet. Da diese Bäume in der modernen Kulturlandschaft selten geworden sind, brüten Turmfalken heute überwiegend in alten Gebäuden und Nistkästen. Foto Silvestris/FLPA

Rotfußfalke *Falco vespertinus*

Rotfußfalken brüten in Südosteuropa. Als Langstreckenzieher gelangen sie auf dem Heimzug aus Afrika jedoch alljährlich auch nach Mitteleuropa. Auch im Herbst können regelmäßig Jungvögel als seltene Durchzügler in Deutschland beobachtet werden. Die Art brütet in lockeren Kolonien überwiegend in Krähennestern. Rotfußfalken ernähren sich vor allem von Insekten.

KENNZEICHEN Länge 28–33 cm, Spannweite 66–78 cm, Gewicht 115–200 g. Rotfußfalken sind mittelgroße Falken, die in der Gestalt an eine Mischung aus Baumfalke und Turmfalke erinnern. Sie haben relativ spitz zulaufende Flügelspitzen und einen mittellangen Schwanz, der in der Länge zwischen Baum- und Turmfalke liegt. Im aktiven Flug erscheinen die Flügel leicht sichelförmig nach hinten gebogen, jedoch etwas schwächer als beim Baumfalken. Während der Nahrungssuche rüttelt der Rotfußfalke häufig, was ein Baumfalke nur sehr selten macht. Bei der Jagd nach Insekten landet er auch oft am Boden, läuft umher und verfolgt Insekten zu Fuß, was für einen Baumfalken sehr untypisch ist. Die **Männchen** sind unverkennbar. Ihr gesamtes Körpergefieder bis auf die roten Unterschwanzdecken ist blaugrau. Auch Augenring, Wachshaut und Füße sind leuchtend rot gefärbt. Die Augen sind dunkel. Von oben betrachtet erscheinen die Schwungfedern im Flug silbergrau. Auf der Flügelunterseite ergibt sich ein Kontrast zwischen heller blaugrauen Schwungfedern und dunkleren Flügeldecken. Die **Weibchen** haben eine andere Rücken- und Oberflügelzeichnung als die Männchen. Der gesamte Körper und Scheitel ist jedoch leuchtend rostgelb. Eine schwarze Augenmaske mit Bartstreif sowie weiße Wangen und Kehle sorgen für einen scharfen Kontrast im Gesicht. Die Schwungfedern sind unterseits stark gebändert und formen einen starken Kontrast zu den rostgelben Unterflügeldecken. Weibchen haben orangegelbe Füße, Augenring und Wachshaut.

Rotfußfalke im Jugendkleid mit bräunlich geschuppter Oberseite und markanter Kopfzeichnung. Foto F. Heintzenberg

Jungvögel des Rotfußfalken zeigen auf der Körperunterseite eine ockerfarbene Zeichnung und breite, dunkle Längsstriche. Die Kopfplatte ist braun, die Wange weiß und die Augenmaske braunschwarz. Sie ähneln einem jungen Baumfalken, sind jedoch insgesamt bräunlicher und kontrastreicher gefärbt und zeigen im Flug einen deutlichen dunklen Flügelhinterrand.

Weiblicher Rotfußfalke im Frühjahr des zweiten Lebensjahrs. Die Flügeldecken weisen noch juvenile Federn auf. Foto F. Heintzenberg

VERBREITUNG UND LEBENSRAUM Rotfußfalken sind Brutvögel Südosteuropas. Ihr europäisches Brutgebiet erstreckt sich von Ungarn über den Balkan und die Ukraine bis nach Russland. Der Verbreitungsschwerpunkt liegt mit etwa 20 000–30 000 Paaren im europäischen Teil Russlands. In der Ukraine brüten etwa 2700 Paare, in Rumänien 1300–1600 und in Ungarn 1000–1100 Paare. Der gesamte europäische Bestand wird auf etwa 31 000 Paare geschätzt und unterliegt jährlichen Schwankungen. Insgesamt ist der Bestands-trend negativ und viele der europäischen Bestände nehmen deutlich ab. Rotfußfalken bevorzugen offene Steppen- und Waldgebiete als **Lebensraum**. Die Art meidet dabei Höhenlagen von über 300 m. Für die Nahrungssuche muss ein ausreichendes Angebot an Großinsekten vorhanden sein. Es sind außer der Nominatform keine weiteren **Unterarten** bekannt. Der nahe verwandte Amurfalke ersetzt den Rotfußfalken in weiten Teilen Asiens und ist ein sehr seltener Irrgast in Mitteleuropa.

Adultes Rotfuß-
falkenmännchen
mit charakteris-
tischer blau-
grauer Färbung
und silberfarbe-
nem Oberflügel.
Foto M. Schäf

WISSENSWERTES Rotfußfalken sind **Zugvögel**, die den Winter im Süden Afrikas verbringen. Sie ziehen im September/Oktober durch das östliche Mittelmeergebiet und überqueren das Mittelmeer über den Balkan. Da sie einen „Schleifenzug" machen, verläuft der Heimzug nach Europa weiter westlich, über Italien und andere weiter westlich gelegene Mittelmeerländer. Vor allem auf dem Heimzug kann es zu größeren Invasionen in Mitteleuropa kommen. Gelegentlich sind auch in Nordeuropa Trupps von über zehn Individuen gleichzeitig beobachtet worden. In Deutschland erscheinen Rotfußfalken sehr regelmäßig im Süden, so dass man fast von einem Zug durch Deutschland sprechen kann. Seltener, aber dennoch alljährlich erscheinen Rotfußfaken auch in allen anderen Bereichen des Landes bis hinauf an Nord- und Ostsee und Skandinavien.

Die **Nahrung** des Falken besteht überwiegend aus Insekten, die in der Regel in der Luft gefangen und verzehrt werden. Dabei hält der Falke im Flug die Beute mit den Füßen und führt diese zum Schnabel, um sie stückchenweise zu fressen. Häufige Beutetiere sind Libellen und Käfer. Gerne jagen Rotfußfalken auch von einem Ansitz aus. Sobald ein Beutetier erspäht worden ist, fliegt der Falke im Direktflug auf das Tier zu, um kurz vor dem Fangen in der Luft rüttelnd zu verharren und dann die Beute am Boden zu schlagen. Auch Wühlmäuse und Kleinvögel gehören zum Beutespektrum des Rotfußfalken.

Die **Brut** beginnt Mitte Mai. Rotfußfalken leben normalerweise in einer Saisonehe, die nach der Brutzeit aufgelöst wird. Gerne nisten sie in Kolonien, die aus bis zu über 100 Brutpaaren bestehen kann, es kommt aber regelmäßig auch zu Einzelbruten. Sie bauen in der Regel keine eigenen Nester, sondern übernehmen verlassene Nester von Krähenvögeln. Oftmals mischen sie sich unter die Saatkrähen, was ihnen in der großen Kolonie Schutz vor anderen Greifvögeln gibt. Rotfußfalken legen 2 – 5 Eier, die etwa drei bis vier Wochen lang bebrütet werden. Nach einer Nestlingszeit von vier Wochen verlassen die Jungen das Nest, werden aber nach dem Ausfliegen nur noch kurze Zeit von den Eltern versorgt.

Schutz Die Rotfußfalkenbestände Europas haben während der vergangenen Jahrzehnte stark abgenommen. Einer der Hauptgründe dafür ist die intensive Anwendung von Insektiziden, die den Rotfußfalken die Nahrungsgrundlage nehmen und sich als Umweltgifte im Körper des Falken in überdurchschnittlich hohen Konzentrationen ansammeln. Um die Bestände des Rotfußfalken in Europa langfristig zu schützen, müssen vor allem die Lebensräume und Nahrungsgrundlagen erhalten werden.

Käfer und andere Insekten zählen zur Hauptbeute des Rotfußfalken. Foto F. Heintzenberg

Eleonorenfalke *Falco eleonorae*

Eleonorenfalken leben überwiegend auf Mittelmeerinseln und sind Koloniebrüter. Die Brutzeit beginnt erst im Spätsommer, wenn der Herbstzug der Kleinvögel durch den Mittelmeerraum einsetzt und die Falken somit eine gute Nahrungsgrundlage für die Aufzucht der Jungen haben. Die Art kommt in zwei Farbmorphen vor, einer dunklen Morphe und einer hellen. In Mitteleuropa und Deutschland sind Eleonorenfalken Ausnahmeerscheinungen.

KENNZEICHEN Länge 36–42 cm, Spannweite 87–104 cm, Gewicht 300–450 g. Eleonorenfalken sind mittelgroße Falken, die auffallend lange und schmale Flügel und einen langen Schwanz haben. Die Flugweise ist mit weichen Flügelschlägen raubmöwenartig elegant. Die **helle Morphe** ähnelt einem übergroßen jungen Baumfalken. Auf den Unterflügeldecken ist deutlich ein Kontrast zwischen dunklen Unterflügeldecken und grauen Schwungfedern zu erkennen. Die Unterseite ist auf rostbraunem Untergrund stark längsgestrichelt. Kopfplatte und Kinnstreif sind schwärzlich und kontrastieren deutlich mit der rein weißen Kehle. Die **dunkle Morphe** zeigt einen ähnlichen Kontrast im Unterflügel. Der gesamte Körper und Kopf ist jedoch einfarbig graubraun, Wachshaut und Augenring sind blaugrau. Bei beiden Morphen sind die Füße gelb, und die Iris ist dunkel gefärbt. **Männchen** sind etwas kleiner als die **Weibchen**. Ohne einen direkten Größenvergleich ist eine Geschlechtsbestimmung nur bei guten Beobachtungsbedingungen möglich. Männliche Eleonorenfalken haben einen gelben Augenring und eine gelbe Wachshaut, die bei den Weibchen blaugrau gefärbt ist. **Jungvögel** haben eine hellere Kopfkappe sowie helle Säume auf dem Rücken und den Oberflügeldecken, wodurch sie geschuppt wirken. Sie zeigen auf dem Unterflügel stark gebänderte Schwungfedern mit einem dunklen Flügelhinterrand und dicht gebänderte Flügeldecken. Zu den **ähnlichen Arten** zählt in erster Linie der Baumfalke im Jugendkleid. Dieser ist jedoch durch die größere Statur, längeren Flügel und einen Kontrast zwischen Decken und Schwungfedern im Unterflügel zu unterscheiden.

VERBREITUNG UND LEBENSRAUM Eleonorenfalken brüten überwiegend auf den Inseln des Mittelmeers. Im Westen erstreckt sich das Brutgebiet bis zur Atlantikküste Marokkos, im Osten bis Zypern. Die Verbreitungsschwerpunkte liegen in der griechischen Ägäis und um die Insel Kreta herum. Insgesamt existieren etwa 100 Brutkolonien. Diese liegen in erster Linie an steilen Klippen auf unzugänglichen Inseln. Der gesamte europäische Brutbestand wird auf knapp 14 000 Brutpaare geschätzt, was nahezu dem kompletten Weltbestand entspricht. Eine kleinere Population ist auch in Nordafrika zu finden. Es gibt außer der Nominatform keine weiteren **Unterarten**.

WISSENSWERTES Ihren Namen haben die Eleonorenfalken zu Ehren der im 14. Jahrhundert auf Sardinien lebenden Fürstin Eleonora d'Arborea (1350 – 1403) erhalten. Diese hat sich als Richterin aktiv für den Schutz von Greifvögeln und Falken eingesetzt und im Jahre 1392

Adulter Eleonorenfalke der dunklen Morphe mit einem erbeuteten Wiedehopf. Foto P. Zeininger

Zwei Eleonoren-
falken am Brut-
platz. Im Vorder-
grund ein Vogel
der hellen Mor-
phe (vermutlich
ein Weibchen),
dahinter abflie-
gend ein Männ-
chen der dunklen
Morphe. Männ-
chen haben einen
deutlich gelben
Augenring und
gelbe Wachshaut,
die bei Weibchen
blaugrau gefärbt
sind. Foto T. Pröhl

unter anderem ein Gesetz zum Schutze dieser Arten erlassen. Eleonorenfalken sind **Zugvögel**, die als ausgesprochene Langstreckenzieher den Winter auf der ostafrikanischen Insel Madagaskar verbringen. Einzelne Vögel überwintern auch an den Küsten Ostafrikas.
Der Herbstzug beginnt nach der Brutzeit im Oktober und November,
der Heimzug im April. Mit der **Brut** beginnen die Falken erst wesentlich später als andere Arten, nämlich im Juli und August, wenn andere
Vögel bereits ihre Brut beendet haben. Diese evolutionäre Anpassung
kann dadurch erklärt werden, dass das Schlüpfen der Jungvögel mit
dem Herbstzug vieler Singvögel durch den Mittelmeerraum zusam-
menfällt. Als ausgesprochener Vogeljäger haben es die Eleonorenfalken dann leicht, Beute für die Jungen zu beschaffen. Ziehende Vögel
werden oftmals über dem Meer in der Luft erbeutet und an Land
verzehrt. Die 2−4 Eier werden 28−30 Tage lang überwiegend vom
Weibchen bebrütet. Während dieser Zeit sorgt das Männchen für
Nahrung. Erst kurz vor dem Flüggewerden nach 37−44 Tagen beteiligt sich auch das Weibchen am Beutefang. Nach dem Ausfliegen aus
dem Nest gegen Ende September und Anfang Oktober werden die

Jungen noch 2–3 Wochen lang von ihren Eltern mit Nahrung versorgt. Zum **Beute**spektrum des Falken gehören Kleinvögel aller Arten. Die prozentuale Verteilung der Arten kann lokal sehr verschieden sein, da verschiedene Arten nicht überall gleich häufig als Zugvögel anzutreffen sind. In der Ägäis zählen Laubsänger zu den häufigsten Beutetieren und machen etwa ein Drittel des gesamten Beutespektrums aus. Insbesondere in den frühen Morgenstunden jagen die Falken sehr ausgiebig. Viele Kleinvögel ziehen nämlich nachts im Schutze der Dunkelheit. Vögel, die sich im Morgengrauen über dem offenen Meer befinden, haben keine Möglichkeit zu landen und müssen weiterfliegen, um die nächste Insel oder das Festland zu erreichen. Viele dieser Arten kommen in den frühen Morgenstunden auf den Inseln an, auf denen die Eleonorenfalken sie leicht erbeuten können. Die Jagd erfolgt während der Brutzeit vor allem in Gruppen und erfolgt oftmals in einer beeindruckenden Höhe von 1800–2500 m über dem Meer, was Radarstudien ergeben haben. Während der Brutzeit gelingt es dem Falkenmännchen, etwa alle 20 Minuten aus dieser Höhe einen Kleinvogel zu erlegen und an das Weibchen und die Jungvögel zu verfüttern. In dieser Höhe haben die dort ziehenden Beutevögel kaum eine Chance, sich zu retten. Einige versuchen, schnell an Höhe zu verlieren und sich beispielsweise auf ein Fischerboot zu retten, was angesichts des Geschicks der Falken aber nur selten gelingt. Überschüssige Beutetiere werden ungerupft in Felsvorsprüngen in Kolonienähe versteckt. Dort kann man als Beobachter frischtote Kleinvögel aller Arten finden, darunter auch Blauracken und Pirole. Die Beute wird im Nest gerupft, so dass Teile der Kolonien von Federn vieler Kleinvogelarten bedeckt sind. Außerhalb der Brutzeit ernähren sich die Falken überwiegend von Großinsekten, wie z. B. Libellen, Schmetterlingen und Käfern, die in der Luft erbeutet werden.
In vielen Bereichen des Verbreitungsgebiets zeigen die Bestände des Eleonorenfalken eine deutlich positive Entwicklung. Dies ist in erster Linie auf strengere Schutzmaßnahmen der Brutkolonien zurückzuführen. In der griechischen Ägäis sind Teile der Populationen jedoch deutlich am Abnehmen. Der Grund hierfür liegt an einem Insektengift, das unter dem Handelsnamen „Lannate" frei im landwirtschaftlichen Handel erhältlich ist. Landwirte lösen das Insektizid in Wasser auf und bringen es in Trinkschalen auf den Feldern und Plantagen aus, um Ernteschädlinge zu beseitigen. Diese tödlichen Trinkwasserquellen werden aber auch von den Eleonorenfalken bzw. deren Beutetieren genutzt. Der aktive Wirkstoff „Methomyl" ist dafür verantwortlich, dass sich die Bestände des Falken in der Ägäis stellenweise innerhalb von weniger als fünf Jahren halbiert haben.

Merlin *Falco columbarius*

Der Merlin ist die kleinste europäische Falkenart. Er brütet in Tundren, Heiden und Hochmooren im nördlichen Skandinavien, auf den Britischen Inseln und in Nordrussland. Als Wintergast und Durchzügler kann die Art auch in Deutschland regelmäßig beobachtet werden. Merline jagen überwiegend Kleinvögel. Der Name „Merlin" stammt vermutlich nicht vom Zauberer Merlin aus der englischen Sagenliteratur, sondern von dem mittelhochdeutschen Wort „smirlin", was Zwergfalke bedeutet.

KENNZEICHEN Länge 26–33 cm, Spannweite 55–69 cm, Gewicht 155–220 g. Merline fallen allein aufgrund ihrer geringen Größe auf. Sie sind wesentlich kleiner als Turmfalken, haben spitzere Flügel und einen kürzeren Schwanz. Im Verhältnis zur Gesamtgröße des Falken erscheint das Flugbild recht kräftig und ist einer fliegenden Taube nicht unähnlich, wodurch die Art ihren wissenschaftlichen Namen erhalten hat. „Columbarius" bedeutet „Der Taubenartige". Merline fliegen mit schnellen Flügelschlägen, die von kürzeren Gleitstrecken unterbrochen werden und jagen im bodennahen Flug, nur selten in größerer Höhe. **Männchen** sind oberseits blaugrau gefärbt und schmal schwarz gestrichelt. Nacken und Hinterkopf weisen hellere, orangegelbe Partien auf. Auch die Unterseite ist orangegelb mit breiteren dunklen Längsstricheln. Auf dem Oberflügel ist ein deutlicher Kontrast zwischen dunklen Handschwingen und den blaugrauen Armflügeln zu erkennen. Das Schwanzende zeigt eine breite, schwarze Binde. **Weibchen** sind oberseits überwiegend graubraun gefärbt. Der Schwanz ist dicht gebändert, die Unterseite auf beigefarbenem Grund braun längsgestrichelt. Manche Weibchen können einen gräulichen Einschlag auf dem Rücken haben. **Jungvögel** sind im Freiland in der Regel nicht vom Weibchen zu unterscheiden. Sie sind jedoch durchschnittlich etwas wärmer braun gefärbt, ohne den Grauschimmer des Rückengefieders. Die Handdecken sind hell gebändert, beim Weibchen sind sie einfarbiger. **Ähnliche Arten** sind Sperber und möglicherweise Baumfalken. Sperber zeigen einen längeren Schwanz mit weniger Querbinden sowie breitere und rundere Flügel. Baumfalken haben einen deutlichen Kinnstreif, einen längeren Schwanz und längere Flügel. Auch Turmfalken sehen einem Merlin entfernt ähnlich, sind jedoch deutlich größer, haben eine schlankere Statur und eine wärmere Färbung.

VERBREITUNG UND LEBENSRAUM Merline brüten in Nordeuropa vom nördlichen Teil der Britischen Inseln über Island, Norwegen, Nordschweden, Finnland bis nach Nordrussland und ins Baltikum. Sie sind zirkumpolar verbreitet und kommen nicht nur in Europa, sondern auch in Nordasien und dem nördlichen Nordamerika vor. Der **Lebensraum** des Merlins besteht aus offenen, baumarmen Landschaften, wie beispielsweise Hochmooren, Tundragebieten und Heideflächen. Für die Brut werden alte Krähennester oder Greifvogelnester benötigt. In felsigen Gebieten sowie Küstenregionen brütet die Art auch auf Felsvorsprüngen an Steilklippen. In entlegenen Moorgebieten können Merline auch am Boden brüten. Als winterlicher Lebensraum werden küstennahe offene Landschaften bevorzugt. Ein Großteil der in Europa überwinternden Merline jagt auch in offenen landwirtschaftlichen Gebieten. In Europa brüten Schätzungen zufolge etwa 40 000 Paare. Die überwiegende Mehrzahl lebt mit 25 000 Paaren im europäischen Russland. Für Schweden wird die Zahl der Brutvögel auf 5000 geschätzt, für Norwegen auf

Merlinpaar am Brutplatz. Adulte Weibchen sind Vögeln im Jugendkleid sehr ähnlich, unterscheiden sich jedoch durch eine stärkere Tropfenfleckung auf der Brust sowie stärker quergestrichelte Flanken. Foto P. Zeininger

Männlicher Merlin auf einer Sitzwarte. Der Vogel mausert vom Jugend- ins Alterskleid und zeigt noch juvenile Bauchfedern, sowie einzelne juvenile Handschwingen und Große Flügeldecken. Foto Silvestris/Wilmshurst

etwa 4000. Von den etwa neun verschiedenen **Unterarten** des Merlins brütet die Unterart *F. c. subaesalon* in Nordwesteuropa auf Island, den Färöerinseln und in Großbritannien, die Unterart *F. c. aesalon* in Fennoskandinavien und Nordrussland.

WISSENSWERTES Merline sind Zugvögel, die den Winter in Mitteleuropa bis hinunter zum Mittelmeer verbringen. Überwinterungsschwerpunkte skandinavischer Vögel liegen in Frankreich, Spanien und Italien. Sie folgen somit den Millionen Zugvögeln, die im Winter die nördlichen Breiten verlassen. Ein kleiner Teil der Merlinbestände überwintert auch in Südskandinavien und auf Island. Der Herbstzug beginnt im August und erreicht im Oktober und November seinen Höhepunkt. Im März und April ziehen die Vögel wieder in ihr Brutgebiet zurück. Die weitesten Zugentfernungen konnten aufgrund von Beringungen auf 2700 km bestimmt werden. Jungvögel im ersten Sommer verbringen diesen noch weitab vom Brutgebiet und ziehen in der Regel erst im Alter von zwei Jahren dahin zurück, um zu brüten.

Die **Nahrung** des Merlins besteht fast ausschließlich aus Kleinvögeln. Zu den häufigsten Beutetieren zählen häufige Arten wie Wiesenpieper, Finken, Steinschmätzer und Lerchen, die entweder in den gleichen Lebensräumen brüten oder aber auf dem Zug in offenen Landschaften rasten, die vom Merlin als Jagdgebiete bevorzugt werden. Der Beutefang erfolgt in der Regel in der Luft. Vom Merlin aufgescheuchte Kleinvögel werden im wendigen Verfolgungsflug in der Luft entweder von oben oder unten mit den Krallen gegriffen und an einem sicheren Platz verzehrt. Nur selten erbeutet die Art auch Kleinsäuger und nichtflügge Jungvögel am Boden. Wühlmäuse und Lemminge machen nur etwa 10 % der Beute aus.

Die **Brut** beginnt im Mai. Insbesondere männliche Merline können das gleiche Revier über viele Jahre hinweg benutzen. Bei Weibchen ist die Standorttreue geringer. Die 3–6 Eier werden etwa 26–30 Tage lang bebrütet. Wie bei vielen anderen Greifvogelarten unterliegt auch die Brut der Merline einer strengen Arbeitsteilung. Während überwiegend das Weibchen brütet, sorgt das Männchen für die Nahrung für die ganze Familie. Erst nach anderthalb Wochen beteiligt sich auch das Weibchen an den Jagdflügen. Bis dahin werden die Jungen vom Weibchen gehudert und gefüttert. Nach einer Nestlingszeit von etwa 30 Tagen sind die Jungen flügge. Sie werden von den Eltern jedoch noch weitere vier Wochen lang mit Nahrung versorgt, und verlassen danach das elterliche Brutgebiet. Merline können ein Höchstalter von etwa 13 Jahren erreichen.

Merlin im Jugendkleid. Foto
F. Heintzenberg

Baumfalke *Falco subbuteo*

Baumfalken sind Zugvögel, die den Winter in Afrika verbringen und erst im Mai wieder in Deutschland eintreffen. Sie sind nach dem Turmfalken die häufigste Falkenart Deutschlands, die Bestände sind jedoch vielerorts rückläufig. Baumfalken sind relativ einfach an ihrer schnellen Flugweise mit schmalen, sichelförmigen Flügeln und rostroten Unterschwanzdecken, den sogenannten „Hosen" zu erkennen. In ihrer Nahrungswahl haben sie sich auf Kleinvögel und große Insekten spezialisiert, die oftmals in der Abenddämmerung gefangen werden.

KENNZEICHEN Länge 29–36 cm, Spannweite 74–84 cm, Gewicht 175–285 g. Der Baumfalke zählt zu den kleineren Falkenarten und ist deutlich kleiner als ein Wanderfalke. Besonders auffällig sind der schlanke Körperbau, die langen Flügel und der schmale, relativ kurze Schwanz. Der Rücken ist dunkelgrau, der Kopf weiß mit einer schwarzen Kopfkappe und einem auffallend dunklen Kinnstreif. Die Unterseite ist hell und zeigt ein dunkles Fleckenmuster im Bereich von Brust und Flanken, das mit der rein weißen Kehle kontrastiert. **Altvögel** Charakteristisch für adulte Baumfalken sind die rostroten „Hosen" und die rostrote Steißregion, die im Fluge jedoch nur wenig auffallen. **Jungvögel** sind heller gefärbt, haben auf der grauen Oberseite ein cremefarbenes Schuppenmuster, eine hellere Stirn und einen gelblicheren Kopf. Die Brustflecken sind braun und die rostroten Hosen fehlen. Die Unterschwanzdecken sind stattdessen beige gefärbt. Die Beine sind bei Alt- und Jungvögeln gelb gefärbt, die Augen sind dunkel. Baumfalken sind sehr geschickte Flieger, die im rasanten Verfolgungsflug Kleinvögel erbeuten. Sie wirken dabei relativ spitzflügelig und haben die Handschwingen oftmals leicht angewinkelt. Im Flug fallen die gleichmäßig gebänderten Arm- und Handschwingen auf. Männchen und Weibchen können im Freiland nicht sicher unterschieden werden.

VERBREITUNG UND LEBENSRAUM Baumfalken sind über fast ganz Europa verbreitet und fehlen nur in den nördlichen Tundraregionen, dem nördlichen Teil der Britischen Inseln sowie in Bereichen Italiens und des Balkans. In Deutschland brüten alljährlich etwa 4200 Baumfalkenpaare; die höchste Dichte wird in Bayern erreicht. Mit etwa 3000 Paaren ist Polen ein weiteres bedeutendes Brutgebiet in Mitteleuropa. Insgesamt wird die mitteleuropäische Population auf ca. 12 000 Paare geschätzt. Schwerpunkte der skandinavischen Vorkommen liegen mit je gut 2000 Brutpaaren in Schweden und Finnland. Der weitaus größte europäische Bestand ist jedoch mit 30 000–60 000 Paaren in Russland zu finden. Auch in Frankreich und Spanien lebt mit insgesamt etwa 11 000 Paaren ein bedeutender Teil der Baumfalkenpopulation Europas, die insgesamt auf knapp 90 000 Paare eingeschätzt wird.

Baumfalken besiedeln eine Vielzahl verschiedener **Lebensräume**, von Bergwäldern bis hin zu Seengebieten, Wäldern und Mooren. Oftmals werden strukturreiche Landschaften im Tiefland bevorzugt. Der Lebensraum muss offene Flächen für die Jagd und ein reiches Angebot an alten Krähennestern bieten. Die Nähe von Seen wird bevor-

Adulter Baumfalke mit erbeutetem Mauersegler. Foto G. Wendl

zugt, da Baumfalken dort reichlichen Zugang zu Libellen haben und das Schilf der Seen häufig von Kleinvögeln wie z. B. Schwalben als Schlafplatz aufgesucht wird. Hohe Sitzwarten sind im Brutrevier besonders beliebt. Von ihnen aus späht der Falke lange Zeit nach Beute. Neuerdings werden auch alte Krähennester auf Hochspannungsmasten angenommen, was eine Anpassung an die intensivierte Landwirtschaft ist.

Weltweit kommen zwei verschiedene **Unterarten** des Baumfalken vor, von denen die Nominatform *F. s. subbuteo* Europa besiedelt.

WISSENSWERTES Baumfalken gehören zu den schnellsten und wendigsten Falkenarten Europas, die auch Singvögel erfolgreich in der Luft erbeuten können. **Jagd** Mit rasanter Geschwindigkeit fliegen sie Waldränder, Wiesengebiete oder auch größere Schilfflächen im niedrigen Flug ab. Ihr Erscheinen löst dabei oftmals Panik unter den Singvögeln aus. Vor allem kleinere Singvögel zählen zum Beutespektrum des Baumfalken. Sperlinge, Ammern, Schwalben, Finken und Lerchen sind typische Beutetiere. Dabei vermögen Baumfalken auch Mauersegler im freien Luftraum zu erbeuten. Quantitative Aussagen über die Häufigkeit der verschiedenen Beutetiere sind nur schwierig zu erstellen und sind sehr vom Lebensraum abhängig. Nach dem Flüggewerden der Jungen im Sommer gewinnen auch Großinsekten

Baumfalke mit Jungvögeln am Nest. Als geschickte Jäger können Baumfalken auch Fledermäuse im Flug erbeuten. Foto H. Rank

an Bedeutung für den Nahrungserwerb. Vor allem Libellen werden in der Luft erbeutet und im Segelflug noch in der Luft verzehrt. Dabei trägt der Falke die Libelle in den Fängen und zerteilt sie mit dem Schnabel. Insbesondere die frühen Morgenstunden, aber auch die späte Abenddämmerung werden für den Nahrungserwerb genutzt. Somit passt sich der Baumfalke in seinem Aktivitätsmaximum seinen Beutetieren an.

Als **Zugvögel** verbringen Baumfalken den Winter südlich des Äquators in Afrika. Erst im April und Mai treffen die Falken wieder in ihren angestammten Brutgebieten in Europa ein. Sie ziehen in breiter Front über das Mittelmeer, wodurch es nur selten zu größeren Zugkonzentrationen kommt. Ein Teil der europäischen Baumfalkenpopulation kommt auf dem Zug durch illegale Jagd ums Leben. Besonders auf Malta sind die Verluste hoch; sie werden auf 500–600 geschossene Baumfalken pro Jahr geschätzt. Nach der Rückkehr ins **Brut**gebiet beginnen die Falken mit der Balz. Männchen und Weibchen brüten oftmals erst in einem Alter von zwei bis drei Jahren. Die Männchen können erstaunlich standorttreu sein und dieselben Brutplätze über viele Jahre hinweg nutzen. Während der Balz ruft das Männchen ausgiebig, besonders in den frühen Morgenstunden, ein lautes, langgezogenes Lahnen „gäht-gäht-gäht". Regelmäßig stimmt das Weibchen zum Duett ein. Baumfalken sind sowohl während der Balz als auch während der Fütterungszeit sehr ruffreudig, wohingegen sie sich während der Brut sehr heimlich und still verhalten. Während der Balz zeigt das Männchen dem Weibchen verschiedene Niststandorte, von denen einer letztendlich vom Weibchen ausgewählt wird.

Baumfalke im Jugendkleid auf dem Herbstzug im September. Bei Jungvögeln sind die roten „Hosen" sehr blass gefärbt. Jungvögel wirken insgesamt sehr „sauber" und haben helle Säume auf den Oberflügeldecken. Foto F. Heintzenberg

Baumfalken bauen keine eigenen Nester, sondern übernehmen verlassene Nester anderer Vogelarten. Die späte Rückkehr der Falken nach Mitteleuropa ermöglicht es, im gleichen Jahr erbaute Raben- oder Krähennester direkt nach der Brut der eigentlichen Erbauer zu übernehmen. In Gebieten, in denen natürliche Nester fehlen, können auch Kunstnester angebracht werden. Insbesondere ausgebaute Weidenkörbe haben sich als künstliche Brutplätze bewährt und werden gerne angenommen. Die Ablage der 2–4 weißen Eier erfolgt relativ spät, in der Regel gegen Ende Mai bis Anfang Juni. Nachdem das zweite Ei gelegt ist, beginnt das Weibchen mit der Brut. Wie für nahezu alle Greifvögel typisch, versorgt das Männchen das Weibchen während der Brutzeit mit Nahrung, überlässt das Brutgeschäft jedoch fast ausschließlich dem Partner. Nach einer Brutdauer von 28–31 Tagen schlüpfen gegen Anfang Juli die Jungen, die auch während der Huderzeit vom Weibchen ständig bewacht werden. Das Männchen versorgt alleine die Falkenfamilie mit Nahrung. Erst Mitte August fliegen die jungen Falken aus und werden noch bis Mitte September, bis kurz vor dem Abflug ins Winterquartier vom Männchen versorgt. In einigen Fällen hat man nach dem Verlust eines Partners beobachten können, dass ein anderer Baumfalke, der nicht zur Familie gehörte, die Fütterungen übernahm und die Jungen adoptierte. Vermutlich handelt es sich dabei um jüngere Individuen, die im gleichen Jahr keine Brutmöglichkeit gefunden haben, jedoch durch die Adoption eine Möglichkeit haben, Erfahrungen zu sammeln. Von Mitte September bis Mitte Oktober kann man Baumfalken auf dem Wegzug beobachten. Das Maximalalter eines Wildvogels beträgt 15 Jahre, was mit Hilfe von Beringungen festgestellt werden konnte.

Baumfalken haben seit den 1970er Jahren einen gravierenden Bestandseinbruch erlitten. In manchen Bereichen des Brutgebietes sind die Bestände innerhalb von nur 20 Jahren um etwa 50 % zurückgegangen. Die Ursachen hierfür sind nicht ganz geklärt. Ein Zusammenhang mit Umweltgiften wie z. B. DDT oder PCB konnte nicht eindeutig festgestellt werden, obwohl Baumfalkeneier sehr hohe Werte verschiedener Gifte aufweisen. Vermutlich besteht ein direkter Zusammenhang mit einem Rückgang der Nahrungstiere. Singvögel, die früher Charaktervögel extensiv genutzter Landwirtschaftsgebiete waren, haben durch die Intensivierung der Landwirtschaft Bestandseinbußen hinnehmen müssen. Somit sind Schwalben, Sperlinge und Lerchen seltener geworden, was den Baumfalken die Nahrungsgrundlage genommen hat. Auch ist ein Zusammenhang mit der verstärkten Bekämpfung von Insekten nicht auszuschließen, die während der Jungenaufzucht eine bedeutende Rolle spielen. Schlechte Witterungsbedingungen können gleichfalls eine Bedeutung für den Ausgang von Bruten haben. Eine Kombination dieser Faktoren im Brut- und Überwinterungsgebiet sowie eine bedeutende Anzahl illegal geschossener Falken auf dem Zug durch das Mittelmeergebiet sind vermutlich für die Bestandsrückgänge verantwortlich.

Baumfalken brüten seit einigen Jahren auch auf Hochspannungsmasten, wo sie vor Mardern sicher sind. Foto H. Hut

Lannerfalke *Falco biarmicus*

Der Lannerfalke ist eine von vier in Europa heimischen Großfalken-arten. Er lebt in Süd- und Südosteuropa, besiedelt jedoch auch weite Bereiche Afrikas. In Europa ist er sehr selten, sein Bestand wird auf nicht mehr als 280 Paare geschätzt. In Mitteleuropa sind Lanner-falken Ausnahmeerscheinungen. Teilweise handelt es sich dabei um entflogene Vögel aus der Falknerei.

KENNZEICHEN Länge 43−50 cm, Spannweite 95−105 cm, Gewicht 500−900 g. Lannerfalken sind etwas kleiner und schlanker als Saker-falken. Sie haben einen relativ kurzen Schwanz und relativ schmale, spitz zulaufende Flügel. Die Silhouette entspricht einem recht kurz-schwänzigen, großen Turmfalken. **Altvögel** haben eine schiefer-graue, bräunlich gebänderte Oberseite. Die Unterseite ist hell und weist eine dichte Querfleckung auf. Nacken und Überaugenstreif sind rostfarben. Der Kinnstreif ist schmal und deutlich vom weißen Gesicht abgesetzt. **Jungvögel** ähneln einem Sakerfalken. Die soge-nannten „Hosen" sind jedoch gestreift und wesentlich heller als beim Sakerfalken. Ein weiteres Unterscheidungsmerkmal ist der sehr dunkle Rücken eines jungen Lannerfalken. Beim sitzenden Vogel er-reichen die Spitzen der Flügel etwa die Schwanzspitze (Sakerfalken haben einen längeren Schwanz).

Adulter Lanner-falke. Das Bild zeigt die nord-afrikanische Unterart *erlan-geri*, die einen mehr cremefar-benen Scheitel als die Unterart *feldeggii* zeigt. Foto W. Suetens

Lannerfalke
im Sturzflug.
Foto O. Giel

VERBREITUNG UND LEBENSRAUM Lannerfalken sind seltene Brutvögel Süd- und Südosteuropas. Ihr Verbreitungsgebiet erstreckt sich
von Italien über den Balkan bis nach Griechenland. Der Verbreitungsschwerpunkt liegt mit etwa 160–200 Brutpaaren in Italien. Während
in den meisten Balkanländern nur einzelne Paare brüten, leben in
Griechenland etwa 36–55 Paare. Der gesamte europäische Bestand
beträgt etwa 280 Brutpaare. Als **Lebensraum** werden offene Kulturlandschaften und Steppengebiete bevorzugt. Für die Brut muss der
Lebensraum Felsnischen an steilen Felswänden bieten. Weltweit sind
fünf verschiedene **Unterarten** des Lannerfalken beschrieben worden. In Europa brütet die Unterart *F. b. feldeggi*.

WISSENSWERTES Lannerfalken sind überwiegend Standvögel, die
das gesamte Jahr über im Brutgebiet bleiben und dieses gegenüber
Artgenossen verteidigen. Sie leben in Einehe und wechseln den Partner nur, wenn einer der beiden Vögel ums Leben gekommen ist. Als
Nahrung dienen zu 95 % Vögel. Nur selten werden Kleinsäuger,
Reptilien und Insekten erbeutet. Bei der Jagd arbeiten das Männchen
und das Weibchen zusammen. Ein aufgescheuchter Vogel wird
abwechselnd von beiden Partnern attackiert, was einen Erfolg von
etwa 50 % aller Jagdversuche garantiert. Lannerfalken gehören zu
den gefährdeten Vogelarten Europas. Von 1950–1990 haben sie über
viele Jahre hinweg starke Bestandseinbußen erleiden müssen.
Hauptursachen hierfür sind illegale Bejagungen, Eiersammeln und
Aushorstungen für die Falknerei sowie Lebensraumzerstörungen.
Heutzutage haben sich die Bestände aufgrund schärferer Schutzmaßnahmen wieder einigermaßen erholt. Lannerfalken können bis
zu 17 Jahre alt werden.

Sakerfalke *Falco cherrug*

Der Sakerfalke ist auch als „Würgfalke" bekannt. Er ist ein seltener Brutvogel Südosteuropas, ein einzelnes Brutpaar hat jedoch in den vergangenen Jahren erstmals in Deutschland erfolgreich gebrütet. Der Name „Saker" stammt aus dem Arabischen und bedeutet frei übersetzt „Jagdfalke". Nach jahrelangen Bestandsrückgängen scheinen sich die Bestände Europas wieder zu erholen.

KENNZEICHEN Länge 47–55 cm, Spannweite 105–129 cm, Gewicht 700–1300 g. Der Sakerfalke gehört zu den vier europäischen Großfalkenarten. Er ähnelt in Größe und Aussehen am ehesten einem Gerfalken. Im Flug ist er von diesem mit viel Erfahrung durch etwas schmalere Flügel und eine schmalere Schwanzbasis zu unterscheiden. Sakerfalken kommen in zwei verschiedenen Farbmorphen vor. Die häufigere dunkle Morphe besitzt einen zimtbraunen Rücken und Oberflügeldecken, die zu den dunkleren Schwungfedern einen Kontrast bilden. Diese Kombination erinnert an einen Turmfalken. Der ebenfalls ähnliche Lannerfalke ist oberseits schiefergrau und hat spitzere Flügel. In Afrika kommt die Lannerfalken-Unterart „*erlangeri*" vor, die einem Sakerfalken sehr ähnlich sieht. Sakerfalken haben einen oberseits hellen Kopf und einen relativ schmalen Bartstreif. Die Unterseite ist intensiv längsgestrichelt, am auffälligsten an den Beinen, wodurch der Eindruck von dunklen „Hosen" entsteht. Im Sitzen ist der Schwanz deutlich länger als die Flügelspitzen (beim Lannerfalken gleich lang).

Sakerfalke im frischen Jugendkleid. Die Altersbestimmung ist beim Sakerfalken nicht ganz einfach. Gleichmäßig breite, zimtfarbene Säume der Rückenfedern sowie bläulich angehauchte Füße sind jedoch typisch für Jungvögel. Foto D. Nill

VERBREITUNG UND LEBENSRAUM Sakerfalken sind seltene Brutvögel Südosteuropas. Die europäische Gesamtpopulation wird auf etwa 700 Paare geschätzt. Der Verbreitungsschwerpunkt liegt mit etwa 240 Brutpaaren in Ungarn. Auch in Osteuropa (Russland, Ukraine und Balkanländer) leben mit ca. 330 Paaren relativ viele Sakerfalken. Als **Lebensraum** wird die offene Landschaft bevorzugt. Weite Steppengebiete sowie extensiv genutzte landwirtschaftliche Flächen werden gerne besiedelt. Für die Aufzucht der Jungen sind ausreichende Vorkommen tagaktiver Säugetiere bis Kaninchengröße wichtig. In vielen Bereichen sind Sakerfalken auf Ziesel angewiesen. Von den weltweit zwei **Unterarten** des Sakerfalken lebt die Nominatform *F. c. cherrug* in Europa.

WISSENSWERTES Erfreulicherweise nehmen die Bestände des Sakerfalken nach jahrelangen Rückgängen durch Nahrungsmangel, Verfolgung, Auswilderung von Jungvögeln sowie Lebensraumzerstörungen durch die Landwirtschaft wieder zu. Da in den traditionellen Brutgebieten die Bestände des Hauptbeutetieres Ziesel abgenommen haben, hat sich der Sakerfalke an andere Nahrungsquellen, beispielsweise Tauben, angepasst, was einer der Gründe für die erfreuliche Bestandserholung ist. Aufgrund der Zunahme ist zu erkennen, dass die Falkenart ihr Verbreitungsgebiet nach Norden hin ausdehnt. Zu einzelnen Brutversuchen eines Paares ist es in den vergangenen Jahren in Sachsen gekommen, wodurch der Sakerfalke heute zu den deutschen Brutvögeln zählt.

Gerfalke *Falco rusticolus*

Der Gerfalke ist weltweit die größte Falkenart. Er brütet zerstreut in Nordskandinavien und ist aufgrund von Eierdiebstählen und Störungen am Brutplatz sehr selten geworden. Im Winter ziehen junge Gerfalken in Richtung Süden, während die Altvögel im Brutgebiet bleiben. Nur sehr selten erreichen Gerfalken Deutschland. Einzelne Individuen können jedoch fast alljährlich im Spätherbst und Winter an der Nordseeküste beobachtet werden, wo sie von der Vielzahl überwinternder Wasservögel leben.

KENNZEICHEN Gerfalken erreichen etwa Bussardgröße und sind somit etwas größer als ein Wanderfalke. Sie haben jedoch eine kräftigere Statur als der Wanderfalke und sind in der Regel heller und weniger kontrastreich gefärbt. Man unterscheidet drei verschiedene Farbmorphen. In Nordskandinavien ist die dunkle Morphe beheimatet, die im Gefieder überwiegend dunkelbraun ist. Kennzeichnend für einen dunklen Gerfalken sind eine Kombination aus dunkelbrauner Oberseite, kräftig gestreifter Unterseite und dunklem Schwanz. Dazu sind die Schwungfedern des Flügels deutlich heller gefärbt als die Unterflügeldecken. Auf Grönland lebt überwiegend eine weiße Morphe, die sich in der Farbe der schneereichen Umgebung angepasst hat. Ihr Gefieder ist überwiegend weiß gefärbt mit schwärz-

Gerfalke der grauen Morphe im Jugendkleid (blaue Wachshaut und bläuliche Füße). Dieses Foto entstand im Dithmarscher Speicherkoog, weit abseits des eigentlichen Brutgebietes. Nur in seltenen Fällen überwintern einzelne Gerfalken im norddeutschen Küstenbereich. Foto A. Halley

lichen Flügelspitzen. Der Rücken und die Flügel sind schwarz gebändert, der Schwanz ist weiß. **Jungvögel** sind dunkler gefärbt als die **Altvögel**. Die intermediäre graue Farbmorphe zeigt eine graue Oberseite sowie eine weiße Unterseite mit dunklen Längsflecken. Am Kopf fallen ein schwacher Überaugenstreif und ein dünner Bartstreif auf. Der Schwanz ist grau mit dünnen weißen Querbinden. Im Flug ist ein Gerfalke kräftiger als ein Wanderfalke. Besonders auffällig sind die sehr breiten und weniger spitzen Flügel, die bei der dunklen Morphe einen Kontrast

Adulter Gerfalke der weißen Morphe. Altvögel haben eine gelbe Wachshaut und gelbe Füße. Foto K. Wothe

zwischen dunkleren Unterflügeldecken und helleren Schwungfedern zeigen. Wanderfalken haben relativ einfarbig gefärbte Unterflügel. Es muss jedoch darauf hingewiesen werden, dass immer wieder Hybridfalken aus der Falknerei entfliegen und Verwechslungsrisiken darstellen. Diese Hybriden können beispielsweise eine Kreuzung aus Gerfalke x Wanderfalke sein und einem Gerfalken sehr ähneln. Viele dieser entflogenen Hybriden können nach heutigem Kenntnisstand nicht genau bestimmt werden.

VERBREITUNG UND LEBENSRAUM Gerfalken sind seltene Brutvögel der Tundragebiete Nordeuropas und Islands. Der europäische Gesamtbestand dürfte heute etwa 1500 Brutpaare umfassen. In Nordskandinavien brütet der Gerfalke hauptsächlich im Fjäll. Er benötigt die offenen Weiten für die Jagd sowie einen sicheren Brutplatz in einer steilen Felswand. In Europa leben zwei **Unterarten** des Gerfalken. Die Nominatform *F. r. rusticolus* lebt auf dem europäischen Festland und die Unterart *F. r. islandus* auf Island.

WISSENSWERTES Gerfalken sind rasante Jäger und schlagen ihre Beute geschickt am Boden oder in der Luft. Aufgrund ihrer Jagderfolge waren sie in der Vergangenheit als sogenannte Beizvögel bei Falknern sehr beliebt. Auch bei Eiersammlern standen Gerfalkeneier hoch im Kurs. Diese Kombination aus beliebtem Beizvogel und Sammelobjekt erwies sich als sehr unglücklich für diese große Falkenart. Ihre Nester wurden über viele Jahrzehnte systematisch geplündert, wodurch die Bestände um bis zu 80 % abgenommen haben. Heutzutage genießen Gerfalken einen strengen Schutz, und die noch sehr kleinen Vorkommen scheinen sich stabilisiert zu haben.

Wanderfalke *Falco peregrinus*

Wanderfalken sind seltene Brutvögel Deutschlands und Europas. Sie gehören zu den Großfalken und beeindrucken durch rasante Jagdtechniken, bei denen sie fliegende Vögel bis Entengröße im Sturzflug mit Geschwindigkeiten von weit über 200 km/h schlagen können. Jahrzehntelang waren sie aufgrund von Verfolgung und Umweltgiften vom Aussterben bedroht. Heutzutage stabilisieren sich die Bestände wieder. Wanderfalken brüten mitunter auch in größeren Städten wie beispielsweise in Köln, Hamburg und Berlin. Unzugängliche hohe Gebäude wie Kirchtürme und Industriebauten bieten einen sicheren Brutplatz. Tauben stellen in den Städten eine leichte Beute dar, aber auch nachts durchziehende Arten, die von der städtischen Beleuchtung angestrahlt werden, können in den Fängen des Wanderfalken enden.

KENNZEICHEN Länge 38–45 cm, Spannweite 90–110 cm, Gewicht 580–1090 g. Adulte Wanderfalken sind relativ einfach an der typischen Gefiederfärbung zu erkennen. Die Oberseite ist schiefergrau und die Unterseite weiß mit dunkler Querbänderung, die der eines Habichts ähnelt. Der Kopf ist kontrastreich gefärbt und zeigt eine schwärzliche Kopfkappe, die sich unter dem Auge in einem breiten Wangenstreif hinunter zieht. Diese kontrastiert scharf mit der rein weißen Kehle und den weißen Halsseiten. Die gesamte Statur des Falken ist sehr kräftig. Die Brust ist breit und leicht vorgeschoben. Der kräftige Körperbau fällt vor allem im **Flug** auf. Für einen Falken sind die Armflügel relativ breit, die Brust kräftig und die Schwanzbasis ebenfalls breit. Wanderfalken hinterlassen im Flug einen sehr kompakten und wohlproportionierten Eindruck. Im Flug aus der Entfernung betrachtet wirken Wanderfalken relativ einfarbig, nur der scharfe Kontrast zwischen Kopfkappe und Hals ist auffallend. Körper und Unterflügel sind weiß mit einer dünnen schwarzen Querbänderung. Aus der Entfernung wirken sie einfarbig grau. Die Oberseite ist relativ einfarbig dunkelbraun, nur die Schwanzbasis ist etwas heller. **Männchen** und **Weibchen** können mit etwas Erfahrung im Freiland unterschieden werden. Wie bei vielen anderen Greifvogelarten sind die Weibchen etwas größer als die Männchen. **Jungvögel** sind dunkler gefärbt als die Altvögel. Ihnen fehlt die typische Querbänderung, die durch eine Längsfleckung ersetzt ist. Auch die Oberseite ist brauner. Die Federn von Oberflügel und Rücken sind beigefarben gesäumt. Der Kontrast zwischen Kopfkappe und Halsseiten ist weitaus weniger ausgeprägt, jedoch bei vielen Individuen deutlich zu erkennen. **Ähnliche Arten** sind Gerfalke, Sakerfalke und Lannerfalke. Gerfalken sind größer und kräftiger, sie haben breitere Flügel, und ihnen fehlt der scharfe Kontrast zwischen Kopfkappe und Halsseiten. Dazu sind die Unterflügeldecken deutlich dunkler als die Schwungfedern, was einen deutlichen Kontrast im Unterflügel zeigt.

VERBREITUNG UND LEBENSRAUM Wanderfalken sind als Kosmopoliten in fast allen Erdteilen zu Hause und fehlen nur in der Arktis und Antarktis. Das europäische Verbreitungsgebiet erstreckt sich von der südlichen Iberischen Halbinsel bis hinauf nach Nordnorwegen. Die Verbreitung ist jedoch nicht flächendeckend, so dass weite Gebiete Westfrankreichs, Polens und einiger anderer Länder nicht besiedelt sind. In Deutschland brüten mehr als 1200 Paare, was etwa zwei Drittel der mitteleuropäischen Population ausmacht. Weitere Kernvorkommen liegen in mit über 2600 Brutpaaren in Spanien, mit etwa 1000 – 1400 Paaren in Frankreich und 1500 Paaren in Großbritannien. Der gesamte europäische Bestand wird auf 14 200 Paare geschätzt. Der **Lebensraum** des Wanderfalken kann stark variieren. Große freie Lufträume werden für die Jagd benötigt. Als Brutplatz dienen sowohl steile, unzugängliche Felswände als auch größere Waldgebiete oder menschliche Bauten, von Kirchtürmen über Brückenpfeiler bis hin zu Hochspannungsmasten und Silos. Die Ansiedlung kann durch das Anbringen von Spezialnistkästen erleichtert werden. Gejagt wird

Adulter Wanderfalke im Abflug. Foto D. Nill

gerne in Küstennähe oder im näheren Umland großer Gewässer, an denen sich viele Beutetiere aufhalten. Weltweit sind 17 verschiedene **Unterarten** beschrieben worden, von denen vier in Europa brüten. Die Nominatform *F. p. peregrinus* brütet in weiten Gebieten Mitteleuropas und wird in Nordskandinavien durch die Unterart *F. p. calidus* ersetzt Im Mittelmeergebiet grenzt man die Unterart *F. p. brookei* von der Nominatform ab. Auf den Kapverdischen Inseln lebt vereinzelt die endemische Unterart *F. p. madens*.

WISSENSWERTES Die **Nahrung** besteht fast ausschließlich aus Vögeln, die zu einem Großteil in der Luft geschlagen werden. Das Artenspektrum variiert dabei je nach Lebensraum. Vor allem im städtischen Umfeld machen Tauben einen Großteil der Nahrung aus. In Gewässernähe zählen Enten und Limikolen zu den bevorzugten Beutetieren. Aber auch Singvögel wie beispielsweise Stare, Drosseln und Häher gehören zum Beutespektrum. Wanderfalken jagen oftmals von einer erhöhten Sitzwarte aus, kreisen aber auch hoch am Himmel, um nach Beutevögeln Ausschau zu halten. Der sehr scharfe Sehsinn des Falken ermöglicht es, Beutetiere auch auf mehrere Kilo-

Die Beute wird häufig auf Felsvorsprüngen mit gutem Überblick über die Landschaft gerupft. Foto Giel/Linke

meter Entfernung zu entdecken. Sobald ein Beutetier angepeilt ist, gewinnt der Falke im aktiven Flug in relativ großer Entfernung rasch an Höhe. Er nähert sich dem nichtsahnenden fliegenden Vogel, um ihn im Sturzflug mit den Krallen zu streifen und so aus der Flugbahn zu bringen oder direkt mit den Krallen zu greifen. Zu Beginn des Sturzfluges fliegt er mit schnellen Flügelschlägen senkrecht nach unten, um zu beschleunigen. Der aktive Sturzflug geht in eine passive Phase über, wenn der Falke die Flügel fast komplett anlegt und wie ein Stein vom Himmel fällt. Radarmessungen haben ergeben, dass dabei Geschwindigkeiten von über 180 km/h erreicht werden. Anderen Messungen zufolge kann die Geschwindigkeit bis zu 320 km/h betragen, was jedoch von einigen Biologen angezweifelt wird. Der Sturzflug wird kurz vor dem Zusammenstoß mit dem Beutetier leicht abgefangen. Nur etwa 13 % dieser Sturzflüge führen zum Erfolg. Vermutlich ist es für einen Wanderfalken schwierig, die fliegende Beute während der extrem hohen Geschwindigkeit genau anzupeilen und eventuellen Richtungsänderungen des Vogels zu folgen. Aufgrund dieser faszinierenden Jagdweise sind Wanderfalken beliebte Beizvögel, was während vieler Jahre zu Aushorstungsaktionen geführt hat und die ohnehin stark dezimierten Bestände weiter verringert hat. Entflogene Hybriden aus Wanderfalke x Gerfalke stellen ein weiteres Risiko für die Wanderfalkenpopulation dar. Diese Hybridfalken können sich mit

Links: Adulter Wanderfalke im Flug. Foto H. Hut

Rechts: Wanderfalken haben relativ einfarbig wirkende Unterflügel, die aus der Nähe betrachtet dünn gebändert erscheinen. Foto D. Nill

genetisch reinen Wanderfalken verpaaren und erfolgreich brüten und somit die Gene der freilebenden Wanderfalken ändern. Die Hauptursache des Verschwindens des Wanderfalken in den 1960er und 1970er Jahren ist jedoch die Anwendung des Insektengiftes DDT gewesen. Wanderfalken sind als Endglied der Nahrungskette, wie auch eine Reihe anderer Greifvögel, dafür bekannt, das Gift in hohen Konzentrationen im Körper zu speichern. Das hatte für die Brut katastrophale Folgen, da die Eier sehr dünnschalig wurden und während der Brut zerbrachen. Im Zusammenhang mit dem Bestandsrückgang des Wanderfalken sind die Folgen von DDT zum ersten Mal genauer untersucht worden, was später zu einem Verbot des Giftes geführt hat. Das nobelpreisgekrönte Insektizid hat es in seiner Ära jedoch geschafft, etwa 90 % der europäischen Wanderfalken zu vernichten. In manchen Gebieten ist der Wanderfalke aufgrund von DDT auch ganz ausgestorben. Die Bestände sind mittlerweile dabei, sich wieder zu erholen.

Die **Brut** der Wanderfalken beginnt in der Regel im März bis April. Wanderfalken sind dabei streng territorial und vertreiben Eindringlinge aus dem Revier. Die 3–4 Eier werden überwiegend vom Weibchen bebrütet, während das Männchen die Nahrung beschafft, aber kurzzeitig auch das Brutgeschehen übernehmen kann. Nach 32 Tagen schlüpfen die Jungen. Gelegentlich kommen Wanderfalkenpaare vor, die keine Eier produzieren können. Dies mag an Umweltgiften liegen oder aber an der nahen Verwandtschaft beider Partner, die aufgrund der relativ kleinen und zersiedelten Vorkommen gelegentlich Geschwister sein können. Diesen Paaren hat man versuchsweise gefärbte Hühnereier ins Nest gelegt, die erfolgreich als eigene Eier angenommen wurden. Nach wenigen Wochen hat man die Eier dann gegen etwa 10 Tage alte Jungvögel ausgetauscht, die aus Zuchtprojekten stammten. Diese Jungen sind dann erfolgreich von den Eltern „adoptiert" und großgezogen worden. Im Normalfall dauert die Nestlingszeit knapp 40 Tage. Zu Anfang hudert das Weibchen, während das Männchen auf Beutejagd ist. Nach etwa drei Wochen beteiligen sich beide Partner an der Jagd und Fütterung der Jungfalken, die nach dem Ausfliegen noch von den Altvögeln gefüttert werden. Um die Jagd zu lernen, kann ein Altvogel mit einer lebenden Taube angeflogen kommen und diese in der Luft vor den flüggen Jungen loslassen, damit diese sie einfangen und verzehren. Nord- und nordosteuropäische Wanderfalken sind überwiegend Zugvögel, die den Winter in Mittel- und Westeuropa verbringen. Altvögel der übrigen Populationen sind überwiegend Standvögel. Wanderfalken können in der freien Natur ein Höchstalter von 18 Jahren erreichen.

Wanderfalke im bräunlichen Jugendkleid. Einzelne Federn des Mantels sind bereits ins Alterskleid vermausert. Foto P. Zeininger

Nützliche Adressen

Deutschland

Naturschutzbund Deutschland
(NABU) e.V.
NABU-Bundesgeschäftsstelle
Charitéstr. 3, D-10117 Berlin
www.NABU.de

LBV
Landesbund für Vogelschutz in
Bayern e.V.
Eisvogelweg 1, D-91161 Hilpoltstein
www.lbv.de

Dachverband Deutscher Avi-
faunisten (DDA) e.V.
An den Speichern 4a
D-48157 Münster
www.dda-web.de

Deutsche Ornithologen-Gesellschaft
(DO-G)
Anschrift siehe Institut für Vogelforschung
www.do-g.de

Institut für Vogelforschung
(Meldung von Ringfunden)
„Vogelwarte Helgoland"
An der Vogelwarte 21
26386 Wilhelmshaven
www.vogelwarte-helgoland.de

Monitoring Greifvögel und Eulen
Buchenweg 14, D-06132 Halle (Saale)
www.greifvogelmonitoring.de

Projektgruppe Seeadlerschutz e.V.
c/o Bernd Struwe-Juhl
Biologiezentrum
Olshausenstraße 40, 24118 Kiel
www.projektgruppeseeadlerschutz.de

Österreich

BirdLife Österreich
Gesellschaft für Vogelkunde
Museumsplatz 1/10/8
A-1070 Wien, Österreich
www.birdlife.at

EGS Eulen- und Greifvogelschutz
Österreich
Untere Hauptstraße 34
A-2286 Haringsee
www.egsoesterreich.org

Schweiz

Ala, Schweizerische Gesellschaft für
Vogelkunde und Vogelschutz
CH-6204 Sempach
www.ala-schweiz.ch

Schweizer Vogelschutz SVS/
BirdLife Schweiz
Wiedingstr. 78
CH-8036 Zürich
www.birdlife.ch

International

BirdLife International
Wellbrook Court, Girton Road,
GB-Cambridge, CB3 0NA
www.birdlife.org

Weltarbeitsgruppe für Greifvögel
und Eulen e.V.
Wangenheimstr. 32
D-14193 Berlin
www.raptors-international.de

Zum Weiterlesen

BARTHEL, P. H. & P. DOUGALIS (2013): Was fliegt denn da? Der Klassiker. Alle Vogelarten Europas in 1700 Farbbildern. Kosmos, Stuttgart.

BERGMANN, H.-H. & W. ENGLÄNDER (2012): Die große Kosmos-Vogelstimmen-DVD. 220 Vögel, Filme und Stimmen. Kosmos, Stuttgart.

DIERSCHKE, V. (2007): Welcher Vogel ist das? Über 440 Vogelarten aus ganz Europa kennen lernen und sicher bestimmen. Kosmos, Stuttgart.

FORSMAN, D. (1999): The Raptors of Europe and the Middle East – A Handbook of Field Identification. London.

HELANDER, B., MARQUISS, M. & W. BOWERMAN (eds.) (2003): Sea Eagle 2000. Stockholm.

KENNTNER, N., O. KRONE, R. ALTENKAMP & F. TATARUCH (2003): Environmental Contaminants in Liver and Kidney of Free-Ranging Northern Goshawks (Accipiter gentilis) from Three Regions of Germany. Archives of Environmental Contamination and Toxicology **45**: 128 – 135.

KENNTNER, N., G. OEHME, D. HEIDECKE & F. TATARUCH (2004): Retrospektive Untersuchung zur Bleiintoxikation und Exposition mit potenziell toxischen Schwermetallen von Seeadlern Haliaeetus albicilla in Deutschland. Vogelwelt **125**: 63 – 75.

MEBS, T. (2012): Greifvögel Europas. Alle Arten Europas, Biologie und Bestände. Kosmos, Stuttgart.

MEBS, T. & D. SCHMIDT (2006): Die Greifvögel Europas, Nordafrikas und Vorderasiens. Kosmos, Stuttgart.

MEBS, T. & W. SCHERZINGER (2012): Die Eulen Europas. Kosmos, Stuttgart.

MIKKOLA, H. (2013): Handbuch Eulen der Welt. Alle 249 Arten in 750 Farbfotos. Kosmos, Stuttgart.

MONING, C. & F. WEISS (2010): Vögel beobachten in Norddeutschland. Die besten Beobachtungsgebiete zwischen Sylt und Niederrhein. Kosmos, Stuttgart.

Projektgruppe Seeadlerschutz Schleswig-Holstein (1998): 30 Jahre Seeadlerschutz in Schleswig-Holstein. Kiel.

SVENSSON, L., MULLARNEY, K. & D. ZETTERSTRÖM (2011): Der Kosmos-Vogelführer. Kosmos, Stuttgart.

WAGNER, C. & C. MONING (2012): Vögel beobachten in Süddeutschland. Die besten Beobachtungsgebiete zwischen Mosel und Watzmann. Kosmos, Stuttgart.

WAGNER, C. & C. MONING (2013): Vögel beobachten in Ostdeutschland. Die besten Beobachtungsgebiete zwischen Rügen und Thüringer Wald. Kosmos, Stuttgart.

Register

Mit 311 Farbfotos von H. Arndt (1), U. Bergmanis (1, 1 V. S. 182), H. D. Brandl (1), L. Braun (1, 1 V. S. 206), B. Brossette (1), M. Danegger (1), J. Diedrich (2, 1 V. S. 162), R. Diemer (2, 1 V. S. 28), B. Fischer (1), H.-J. Fünfstück (1), J. Gerlach (1), O. Giel (1), Giel/Linke (1), A. Halley (4, 2 V. S. 148, 234), S. Harvancik (2, 1 V. S. 192), H. Hautala (2, 1 V. S. 48), J. Hlasek (2, 1 V. S. 126), D. Hopf (1, 1 V. S. 42), H. Hut (6, 1 V. S. 150), Z. Kalotas (1), P. Katsiyiannis (2), O. Krone (1), W. Layer (1), A. Limbrunner (2, 2 V. S. 144, 154), R. Lodzig (1), K. H. Löhr (2, 1 V S. 122), B. Mate (1), G. Moosrainer (1), D. Nill (20, 2 V. S. 88, 136), K. Pedersen (1), S. Pfützke (1, 2 V. S. 186, 188), H. Pollin (1), T. Pröhl (5, 4 V. S. 98, 180, 220, 228), H. Rank (1), Reinhard-Tierfoto (1, 1 S. 2 o), M. Schäf (1), W. Scherzinger (3, 1. V S. 70), R. Siegel (1), Silvestris/FLPA (1), Silvestris/Marquez (1), Silvestris/Wilmshurst (1, 1 V. S. 224), M. Simon (3, 1 V. S. 200), G. Stengel (1, 1 V. S. 64), B. Streit (1), W. Suetens (3, V. S. 190), E. Thielscher (1), H. Vollmer (7, S. 2 u), G. Wendl (1), W. Wisniewski (1, 1 V. S. 94), K. Wothe (5, 3 V. S. 122, 176, 238), P. Zeininger (8, 5 V. S. 112, 130, 132, 236, 240), alle übrigen Aufnahmen vom Verfasser

Auf den Klappen (51 Fotos): 1 von Angermayer (Steinkauz), 2 von Danegger (Schelladler, Schleiereule), 1 von Diedrich (Sperber), 1 von Fünfstück (Habichtsadler), 2 von Gartenschatz (Schwarzmilan, Mäusebussard), 2 von Groß (Kornweihe, Sperlingskauz), 1 von Grüner (Rotfußfalke), 3 von Halley (Bartgeier, Gleitaar, Schmutzgeier), 1 von Harvančik (Östl. Kaiseradler), 2 von Heintzenberg (Bartkauz, Sperbereule), 1 von Hinze (Schreiadler), 1 von Höfer (Sumpfohreule), 1 von Klees (Mönchsgeier), 4 von Limbrunner (Seeadler, Habicht, Zwergadler, Raufußkauz), 4 von Moosrainer (Wespenbussard, Gänsegeier, Turmfalke, Schnee-Eule), 5 von Nill (Rotmilan, Rohrweihe, Wiesenweihe, Baumfalke, Zwergohreule), 7 von Pröhl/fokus-natur.de (Steppenweihe, Adlerbussard, Steppenadler, Rötelfalke, Lannerfalke, Sakerfalke, Habichtskauz), 1 von Synatzschke (Waldohreule), 1 von Tébar (Span. Kaiseradler), 1 von Willner (Steinadler), 2 von Wothe (Merlin, Gerfalke), 7 von Zeininger (Fischadler, Schlangenadler, Raufußbussard, Eleonorenfalke, Wanderfalke, Uhu, Waldkauz)

51 Farbzeichnungen auf der hinteren Klappe von Paschalis Dougalis
2 SW-Zeichnungen von Dr. Winfried Daunicht

Umschlaggestaltung von eStudio Calamar unter Verwendung einer Aufnahme von Reiner Dillenburg auf der Umschlagvorderseite (Rotmilan) und drei Aufnahmen von Torsten Pröhl / fokus.natur.de auf der Umschlagrückseite (v.l.n.r. Bartkauz, Turmfalke, Steinadler).

Unser gesamtes lieferbares Programm und viele weitere Informationen zu unseren Büchern, Spielen, Experimentierkästen, DVDs, Autoren und Aktivitäten finden Sie unter **kosmos.de**

Gedruckt auf chlorfrei gebleichtem Papier.

2. aktualisierte und ergänzte Auflage
© 2013 Franckh-Kosmos Verlags GmbH & Co. KG, Stuttgart
Alle Rechte vorbehalten
ISBN 978-3-440-13949-2
Projektleitung: Stefanie Tommes
Lektorat: Rainer Gerstle
Grundlayout: eStudio Calamar
Gesamtherstellung: Buch & Konzept, Annegret Wehland, München
Produktion: Markus Schärtlein
Printed in Czech Republic / Imprimé en République tchèque

FSC
www.fsc.org
MIX
Papier aus verantwortungsvollen Quellen
FSC® C005833

KOSMOS.

Wissen aus erster Hand.

Lars Svensson, Killian Mullarney, Dan Zetterström
Der Kosmos Vogelführer
400 S., €/D 29,95

Der Kosmos-Vogelführer ist das umfassendste Be-
stimmungsbuch aller Arten Europas, Nordafrikas und
Vorderasiens. 900 Vogelarten, 50 Arten neu aufgenom-
men: Brutvögel, Durchzügler, Ausnahmeerscheinungen,
eingebürgerte Arten. Über 4.000 Farbzeichnungen der
verschiedenen Kleider, Unterarten und Geschlechter
werden vorgstellt. Von den führenden Ornithologen
und Vogelzeichnern der Welt!

Jetzt bestellen auf kosmos.de

KOSMOS.
Pure Vielfalt.

Theodor Mebs
Die Greifvögel Europas, Nordafrikas und Vorderasiens
496 S., €/D 69,99

Greifvögel faszinieren den Menschen von jeher – vor allem durch ihren eindrucksvollen Flug! Dieses großartige Handbuch mit rund 800 ausgewählten Fotos und naturgetreuen Zeichnungen beschreibt ausführlich Biologie, Verhaltensweisen, Anpassungen, Lebensraumansprüche und Schutzbemühungen. Alle 45 in der Westpaläarktis als Brutvögel vorkommende Greifvögel werden mit aktuellen Bestandszahlen auf bis zu zwölf Seiten pro Art vorgestellt.

Jetzt bestellen auf kosmos.de

KOSMOS.
Mehr Wissen. Mehr erleben.

Bergmann • Engländer
Die große Kosmos Vogelstimmen-DVD
2 DVDs, Buch (160 S., 220 Abb.), € ⁄ D 49,99 (UVP)

Das Naturerlebnis zu Hause

220 Vogelarten mit ihren Rufen und Gesängen
erfreuen uns durch wunderschöne Bilder in Fil-
men. Die Vögel singen dabei schnabelsynchron!
Auf der ersten DVD werden 110 Singvögel, auf
der zweiten DVD 110 andere Vögel vorgestellt.

kosmos.de/natur

Flugbilder aller Arten Europas im direkten Vergleich

Eulen

Schleiereule
(S. 22)

Uhu
(S. 32)

Waldkauz
(S. 42)

Bartkauz
(S. 52)

Habichtskauz
(S. 48)

Sperbereule
(S. 56)

Sumpfohreule
(S. 80)

Waldohreule
(S. 74)

Zwergohreule
(S. 28)

Sperlingskauz
(S. 60)

Raufußkauz
(S. 70)

Steinkauz
(S. 64)

Schnee-Eule
(S. 38)

Greifvögel

Bartgeier
(S. 94)

Gänsegeier
(S. 126)

Mönchsgeier
(S. 130)